从新手到高手

李守红 神伟 / 编著

Photoshop 2022

淘宝天猫电商产品图精修

从新手到高手

清华大学出版社
北京

内 容 简 介

本书是一本系统讲解Photoshop 2022功能命令以及电商产品修图技法的教材,作者把近十年从事产品设计与平面设计的实际技能和经验最大限度地呈现给读者。本书立足于熟练掌握软件应用和电商产品修图实践,对Photoshop 2022在电商产品设计和修图工作中的应用进行了深入、细致的剖析,通过典型案例对电商产品修图流程和细节处理方法进行详细讲解,能够通过对本书的学习让初学者从修图"小白"一跃成为电商平面设计师。

全书共7章,遵循由简到繁、由易到难的讲解流程,并安排了大量的修图案例,供读者巩固练习之用。本书主要内容包括Photoshop 2022软件基础操作、电商产品修图基础及电商平台中各类产品的基本修图和精修图的经典案例。

本书定位为Photoshop 2022产品图精修初学者,以及有一定产品设计基础并希望进一步提升的读者,同时也适合与工业产品设计和平面设计相关专业的学生阅读。

图书在版编目(CIP)数据

Photoshop 2022淘宝天猫电商产品图精修从新手到高手 / 李守红,神伟编著.—北京:清华大学出版社,2022.6

(从新手到高手)

ISBN 978-7-302-60787-8

Ⅰ. ①P… Ⅱ. ①李… ②神… Ⅲ. ①图像处理软件—教材 Ⅳ. ①TP391.413

中国版本图书馆CIP数据核字(2022)第075844号

责任编辑:陈绿春
封面设计:潘国文
责任校对:徐俊伟
责任印制:宋　林

出版发行:清华大学出版社
　　　　网　　　址:http://www.tup.com.cn,　http://www.wqbook.com
　　　　地　　　址:北京清华大学学研大厦A座　　邮　　编:100084
　　　　社 总 机:010-83470000　　　　　邮　　购:010-62786544
　　　　投稿与读者服务:010-62776969,c-service@tup.tsinghua.edu.cn
　　　　质量反馈:010-62772015,zhiliang@tup.tsinghua.edu.cn
印 装 者:三河市铭诚印务有限公司
经　　销:全国新华书店
开　　本:188mm×260mm　　印　　张:13.25　字　　数:507千字
版　　次:2022年8月第1版　　　　印　　次:2022年8月第1次印刷
定　　价:79.90元

产品编号:087138-01

前　言

　　Photoshop 2022 是 Adobe 公司旗下最有名的图像处理软件，集图像输入、编辑修改、图像制作、动画制作、图像输出于一体，深受广大平面设计人员和计算机美术爱好者的喜爱。

　　"万丈高楼平地起"，只有学好基础知识，并多加练习，做到熟能生巧，才能逐步成为软件应用高手。

本书内容

　　本书立足于熟练掌握软件应用和电商产品修图实践，对 Photoshop 2022 在电商产品设计和修图工作中的应用进行了深入、细致的剖析，通过典型案例对电商产品修图流程和细节处理方法进行详细讲解，使读者逐渐成为设计高手。

　　全书共 7 章，遵循由简到繁、由易到难的讲解流程，并安排了大量的修图案例，供读者巩固练习之用，各章具体内容如下。

　　第 1 章：主要介绍了电商产品修图的基础知识，包括建立产品修图思路、应用到修图中的色彩、光线与投影，以及材质的表现等。

　　第 2 章：主要介绍了 Photoshop 2022 的软件基础操作，以及应用到电商产品修图中的实用技巧，其中包括选区的应用、配色（调色）、制作材质、制作阴影和倒影等。

　　第 3 章：详解了电商平台中数码电子类产品的修图技法，修图实例包括笔记本电脑产品修图、智能手机产品修图、电子手环产品修图和显示接收器产品修图。

　　第 4 章：详解了生活电器类产品的修图技法，修图实例包括电饭煲产品修图和电磁炉产品修图。

　　第 5 章：详解了箱包、鞋、酒类产品的修图技法，修图实例包括拉杆箱产品修图、品牌女士钱包产品修图、男士休闲皮鞋产品修图和白酒包装产品修图。

　　第 6 章：详解了服饰、珠宝类产品的修图技法，修图实例包括高档男士西服产品修图、男士风衣产品修图和珠宝首饰产品修图。

　　第 7 章：详解了生活日用品的修图技法，修图实例包括旋转拖把产品修图、化妆盒产品修图和女性护肤产品修图。

本书特色

本书将独到见解和问题解决的方法，及 Photoshop 2022 软件在电商产品修图方面的技法一览无余地奉献给读者。

书中精心安排了非常多具有实战意义的电商产品修图案例，不仅可以帮助读者轻松掌握 Photoshop 的基本操作，更为重要的是能够通过对本书的学习让初学者从修图"小白"一跃成为电商平面设计师。

配套资源下载

本书的配套素材和视频教学文件请扫描下面的二维码进行下载，如果在下载过程中碰到问题，请联系陈老师，邮箱：chenlch@tup.tsinghua.edu.cn。

配套素材

教学视频

作者信息及技术支持

本书由青岛滨海学院艺术传媒学院李守红和济南职业学院计算机学院神伟编著。

非常感谢您选择了本书，由于作者水平有限，书中疏漏之处在所难免，如果有任何技术问题请扫描下面的二维码联系相关技术人员解决。

技术支持

编者

2022 年 6 月

目　录

第1章　电商产品图精修入门

第2章　Photoshop材质与配色工具

第3章　数码电子产品修图技法

第4章　生活电器产品修图技法

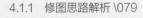

第5章　箱包、鞋、酒类产品修图技法

第6章　服饰、珠宝类产品修图技法

第7章　生活日用品修图技法

第1章
电商产品图精修入门

在电商产业十分发达的今天，让消费者通过电商平台的商品浏览页找到并购买自己所需商品，是电商设计师们的最终目的。商品浏览页中的产品图是整个店铺设计的核心，本章中将介绍与产品图的色彩表现和精修效果图相关的基础知识。

1.1 电商产品修图基础

在电商平台为买家展示的商品首页中，设计的核心是产品，而产品的美观、精致程度直接决定了画面呈现给的买家第一感受，所以产品所带来的视觉感受是非常重要的。产品修图主要包括两种形式：产品设计修图和产品图精修。

1.1.1 产品修图思路

产品设计修图和产品图精修理解起来貌似是一个意思，但做过多年产品修图的设计师都清楚这两者是有区别的，虽然两者都是对拍摄的作品或设计师设计的三维效果图进行美化、修图操作，但实际上两者有很大的区别。产品设计修图是将产品图像重新绘制再对其进行美化的过程，而产品图精修是在已有拍摄作品（或三维效果图）的基础上进行精细化修复与美化的过程。所以，产品设计修图是产品图精修的基础。

1. 产品设计修图

产品设计修图修的是形体、颜色、材质、光感和质感。下面进一步说明质感和光感应该如何体现。

图1-1所示的某电商的空气净化器效果图，左侧为原图（相机拍摄的实物图），右侧为修图后的效果。可将右图与左图进行比较，看一下修过的图有哪些提升？

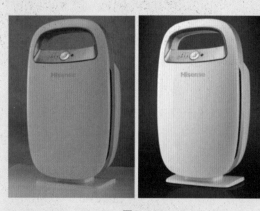

图1-1

首先，相比原图，设计修图的最终效果图从质感上有了明显的提升，对产品本身的固有色进

行了校正；其次，最终效果图在高光的表现上更加明显，且是通过高光、反光的相互作用进行表现，使塑料材质的表现更加鲜明。原图的塑料喷涂材质，因拍摄环境较暗，所以在高光的表现上相对模糊一些，而最终效果图的材质表现，从喷涂材质、高光区域、过渡区域等位置均进行了修图处理，无论是高光还是反光都很清晰，有棱角的感觉。这个案例使用的技法属于产品设计修图的基本手法。

2. 产品图精修

产品图精修着重于精修光感与质感，无论是合成设计、详情页设计，还是平面设计都很实用。

在图1-2所示的电商产品（化妆品）中，左图为原图，右图为精修效果图。原图中所表现的高光娇柔是过曝光严重，暗部死黑没有细节，次高光太细，缺少层次感，且瓶底表现较"脏"。而精修后的效果图，图片清晰干净、质感层次鲜明，使产品体现出更高档的感觉。

原图　　　　　　　　精修效果图

图1-2

1.1.2　产品修图的一般流程

前面我们介绍了两种产品修图方式，这里主要介绍产品设计修图的基本流程。

有些初学者认为用 Photoshop 表现产品很困难，面对各种光线和材质变化丰富的对象往往无从下手，甚至直接跳过二维绘图的步骤，直接进入三维建模的操作，最终因方案难于修改而功亏一篑。实际上，在产品设计修图的整个制作流程上还是有章可循的，在确定方案构思后，可以按照绘制线稿、表现光影和色彩、突出质感和细节，这三大步骤完成制作，通过强调形态、色彩、材质等图像元素来体现设计意图，如能在其中加入一些个人的想法和风格，可以使整幅效果图更个性、出彩。

1. 绘制线稿

二维线稿是构成平面图形的基础，起着固定产品形态的作用。在进行这一步骤之前，设计师应当根据方案草图，严谨、准确地绘制产品的线稿图，较为实用的绘制方法有以下几种。

※　按照工程制图原理，准确地完成设计方案的产品手绘多视图，然后导入二维图形软件（如 AutoCAD 或 CorelDRAW）进行描绘。

※　借助 AutoCAD、Rhino 等软件参数化绘图的特点，精确地绘制出产品线稿。

※　利用 Cinema 4D、Maya、3ds Max 等三维软件构建出设计方案的三维模型，然后以线框方式渲染输出各个视图，最后导入 Photoshop 中处理即可。

无论采取哪一种绘制方法，都应注意由于是以平面的方式表达三维的产品，所以在绘制各个视图的线稿时，应当本着严谨、准确的态度，杜绝一切结构上的错误，这对后续的工作是很重要的。

2. 表现光影和色彩

当线稿绘制完成后，即可表现产品的光影和色彩关系。这个过程就好比素描、色彩写生，首先强调大的明暗、色彩关系，表现出大概的感觉，然后再深入刻画细节。若色彩与明暗关系不能很好地协调，可先以黑白灰的方式表现出整张效果图的明暗关系，然后在这个明暗图层上建立一个色彩调整图层，利用与色彩调整相关的命令为效果图上色，而且采用这种方法可以在后期很方便地修改颜色。

在关注色彩的同时，还应注意到局部微妙的光影变化。为产品上色，并不是说一个部件填充一种颜色，即使是同一种颜色的部件也存在着明暗的过渡，虽然很细微，但对丰富整张效果图的表现力起着重要的作用。

3. 突出质感和细节

质感和细节是电商产品设计修图的表现精髓，也是体现设计理念的点睛之笔。突出质感和细节的方法主要有两种。

※　根据个人的理解，利用 CorelDRAW、Photoshop、Illustrator 等软件自带的滤镜、效果、图层样式及叠加方式制作各种材质效果。

※　平日留心搜集一些材质、纹理的图片素材，通过改变图层叠放次序的方法将材质效果赋予产品。金属、橡胶及显示屏等都非常适合采用这种方法来表现。

对于质感和细节的把握需要平时多留意、多观察、多比较，只有掌握了以表面属性的特点来分析材质效果的方法才能更巧妙地表现出各种质感，而细节的丰富是建立在对于产品结构、表面工艺的理解之上的。当然，产品所处的环境也是一个不容忽视的问题，一方面它能够产生空间感和体积感，另一方面它能烘托整张效果图的气氛。

总之，产品设计修图的最终效果，应当给人一种强烈的质感体现力，这点需要初学者慢慢体会。图 1-3 所示为产品设计修图的一般流程。

当然，如果是精修产品图，还要学习和掌握 Photoshop 的抠图、矫正变形、修复破损脏点、校色、去灰加锐、添加倒影等常见技能。

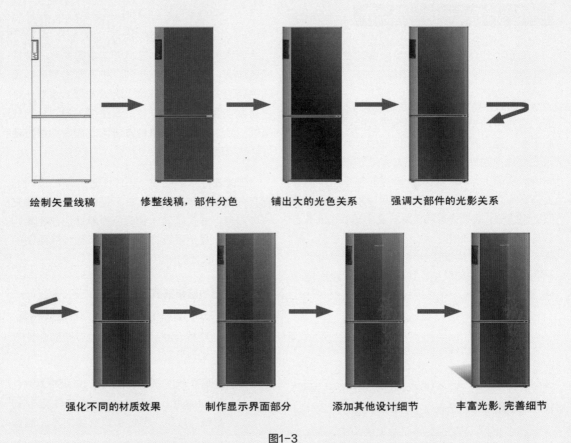

绘制矢量线稿　　　修整线稿，部件分色　　　铺出大的光色关系　　　强调大部件的光影关系

强化不同的材质效果　　　制作显示界面部分　　　添加其他设计细节　　　丰富光影，完善细节

图1-3

1.2　产品修图中的色彩与配色原理

　　这里说的"色彩"是与视觉设计相关的，也叫"设计色彩"。设计色彩指的是根据设计作品的视觉定位、审美取向、作品艺术诉求而进行的色彩表现。设计色彩强调色彩表现的主观性、概括性和艺术性，同时注重色彩的空间感及视觉冲击力的表现，是电商设计的必修课。

1.2.1　色彩的三个基本要素

　　凡是色彩都会同时具有色相、明度、纯度（又称"饱和度"）三种属性，它们是表达色彩的三个稳定要素。三个属性相对独立，又相互关联、相互制约。

1. 色相

　　色相是指色彩中区别其他颜色的色别名称，如红、橙、黄、绿、蓝、紫等，即为不同的色相，如图1-4所示。在配色中比较实用的是色相对比，就是色相环上两个颜色的差别比较。色相环上比较靠近的颜色，搭配起来就属于同类色对比，色调统一，和谐、柔和。色相环上相距较远的颜色，尤其是60°～130°相对应的颜色，又被称为"对比色"，搭配起来会有对比鲜明、刺激的效果。色相环如图1-5所示。

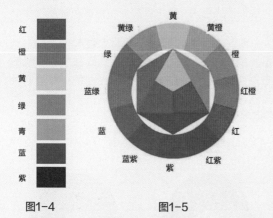

图1-4   图1-5

2. 明度

明度就是色彩的明暗程度或亮度，色彩反射光的分量决定了色彩的深浅或明暗变化，反射光的分量多，则色彩亮，反之则暗。

※ 同一色相的明度差异：如绿色系中有中绿（中绿）、暗绿（翠绿）、明绿（淡绿）等。

※ 不同色相的明度差别：不同色相的色彩，其自身反射光线的强度也不同，具有不同的明度，如图 1-6 所示。色相环就有明显的明度变化，从黄到紫呈现出由高到低逐渐变化的明度，黄色最亮，紫色最暗，红、绿为中明度色。

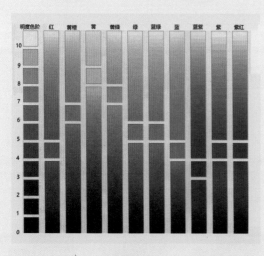

图1-6

明度在三要素中有较强的独立性，它可以不带任何色相的特征，而通过黑白灰的关系单独呈

现出来，色相与纯度则必须依赖一定的明度才能呈现，如图 1-7 所示。色彩一旦发生，明暗关系就会同时出现。如同一物体，彩色照片反映了该物体全要素的色彩关系；黑白照片则反映物体色彩的明度关系。这种抽象出来的明度关系可看作色彩的"骨骼"，是色彩结构的关键要素。

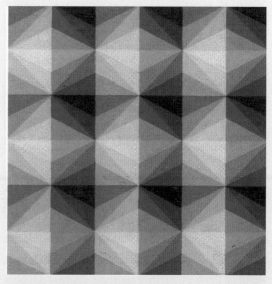

图1-7

3. 纯度

纯度是指色彩的鲜浊程度（饱和度），取决于一种颜色的波长单一程度。

※ 同一色相的纯度差别：如绿色，混入白色，纯度降低，明度提高，成淡绿色（欠饱和色，明调）。绿色中混入黑色，纯度降低，明度降低，成暗绿色（过饱和色，暗调）。绿色中混入中性灰（与绿色等明度）；纯度降低，明度不变，成灰绿色。

※ 不同色相的纯度差异：红色纯度最高，黄色次之，绿色仅为红色的一半左右。纯度体现了色彩内向的"品格"，同一色相，纯度发生细微的变化，会立即带来色彩性格的变化，表 1-1 中列出了不同色相的明度及纯度值。在实际的设计工作及日常生活中，对色彩纯度的选择往往是决定一种颜色的关键。图 1-8 所示为高纯度和低纯度色彩的具体表现。

表1-1 不同色相的明度及纯度值

色相	明度	纯度
红	4	14
黄橙	6	12
黄	8	12
黄绿	7	10
绿	5	8
蓝绿	5	6
蓝	4	8
紫	4	12
紫红	4	12

Photoshop 2022淘宝天猫电商产品图精修从新手到高手

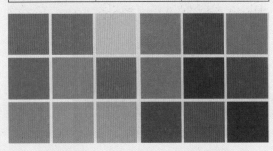

高纯度色彩　　　　低纯度色彩

图1-8

1.2.2 色光三原色和色料三原色

原色的基本条件是任何一种色都不能由其他的颜色配成，是相对独立的颜色，又称"第一次色"，如红、黄、蓝，特点是纯度高、鲜明。

牛顿最初把阳光用三棱镜分解为红、橙、黄、绿、青、蓝、紫七原色。后来魏纳氏觉得牛顿主张的七色中，蓝色并不能作为原色，因为蓝色是青与紫二色光的混合色，于是主张把蓝色去掉，认为真正的原色只有红、橙、黄、绿、青、紫6种色彩。后来亨贺尔滋把橙色不算到原色中，提出红、黄、绿、蓝、紫5种色彩，他是根据心理方面立论的，所以又称"心理五原色"。孟塞尔色立体的色相环就是用这五原色做出的。再以后，赫林根据生理与心理，以及人类眼睛的解剖主张原色应该只有红与绿、黄与蓝四色（两对），称

为生理四原色说，后来被奥斯特瓦德色环所沿用。

现在大家都知道原色实际上有两个系统，一是光的三原色，另一种是色料的三原色。色光的三原色可以混合出其他任何色光；色料的三原色虽然可以混合出许多颜色，但是有些色彩用色料三原色是混合不出来的。

光源三原色包括红、绿和蓝，如图1-9所示。

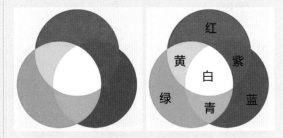

图1-9

色料三原色包括红、黄和蓝，如图1-10所示。

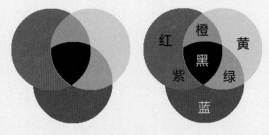

图1-10

1.2.3 间色、补色和复色

1. 间色

将三原色的任何两色做等量混合而成的颜色称为"间色"（包括橙色、紫色和绿色），也称"第二次色"。如图1-11所示，红色＋黄色＝橙色；黄色＋蓝色＝绿色；蓝色＋红色＝紫色。

图1-11

两个原色光相混可得间色光，光的间色在色相上与发色材料的原色相等，如图 1-12 所示。

图1-12

2. 补色

补色又称"互补色"或"余色"。补色分美术补色和光学补色。

互补的两色并列时，相互排斥，对比强烈，色彩呈现跳跃、鲜明的效果，如图 1-13 所示。

图1-13

美术补色是指红黄蓝 (RYB) 色相环中成 180° 角的两种颜色。例如，红色与绿色互补，蓝色与橙色互补，黄色与紫色互补。色彩中的互补色相互调和会使色彩纯度降低，变成灰色。一般作画时不用补色调和。

如果一种原色光与某一间色光相混得出白色光，这两种色光即为色光互补。把两种颜色按一定比例混合，成为无彩色墨（灰）时（色相感、纯度消失），这两种颜色就称为光学补色，如图 1-14 所示。

图1-14

3. 复色

复色是用两种间色或原色与间色混合而产生的颜色，或者将黑浊色与一个原色进行调配得到的混合色，又称"第三次色"。如橙＋绿＝红＋黄＋黄＋蓝＝橙绿（黄灰）；橙＋紫＝红＋黄＋红＋蓝＝橙紫（红灰）；紫＋绿＝红＋蓝＋黄＋蓝＝紫绿（蓝灰）。

1.2.4 电商设计中的色彩应用

在电商设计中，色彩的应用是网店装修过程中非常重要的一环。既要打造独特的店铺装修风格，还能满足吸引更多流量入店的需求。

以淘宝电商的整店装修为例，常见的整店装修配色方案如下。

1. 暖色系

暖色搭配就是红色、橙色、黄色、赭色等色彩的搭配。淘宝店铺装修运用暖色系，可使店铺装修呈现温馨、和煦、热情的氛围。图 1-15 所示为某家居服饰的产品详情页的暖色系应用案例。

图1-15

2. 冷色系

冷色搭配即蓝色、绿色、紫色等色彩的搭配。

这种色系的运用，可使店铺装修呈现宁静、清凉、高雅的氛围。图 1-16 所示为某新款蚊帐产品详情页的冷色系应用案例。

图1-16

3. 对比色

对比色即色性完全相反的色彩搭配在同一个空间里。比如，红与绿、黄与紫、橙与蓝等。这种色彩搭配可以产生强烈的视觉冲动，给人亮丽、鲜艳、喜庆的感觉。当然，对比色调如果用得不好，会适得其反，产生俗气、刺眼的不良效果。这个重要原则，即总体的色调应该是统一和谐的，局部可以有一些小的强烈对比。图 1-17 所示为对比色应用案例。

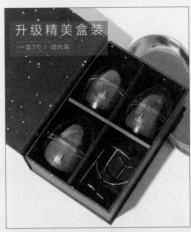

图1-17

在电商产品设计中，色彩搭配的黄金法则为6∶3∶1，也就是说主色彩占60%，次要色彩占30%，辅助色彩占10%。

同样，店铺装修也要按照这个配色比率，比如，产品海报片幅比较大，可以占60%，而像宝贝详情页之类的版块可以占30%，剩下的10%则是店招、导航栏等。

1.3　产品修图中的光照与投影原理

如果想把产品图表现得更加真实，不仅要考虑光源类型与光照规律，还要考虑光线的照射方式、强度、反射规律、投影等其他影响产品高光的因素。

1.3.1　光线的照射方式

在产品图中的光线照射根据表现对象和需求不同，主要分为侧向照射、正向照射、逆向照射和混合光源照射 4 种。

1. 侧向照射

侧光是指人观察的位置与光源位置成 90° 查看被绘制的对象，被绘制的对象有一半是亮部，一半是暗部，这个角度最适于表现物体的结构关系。在这样的光照条件下，物体大部分处于受光面，当然也有部分处于背光面，这样物体上有明有暗、对比强烈，易于塑造产品的体积感和结构感，如图 1-18 所示。

图1-18

2. 正向照射

正向照射是指人观察方向同光源的照射的角度相同，物体基本全部都是亮部，看不到投影，因此，其层次细腻、细节丰富，但缺乏纵深感。同时由于没有阴影的衬托，空间立体感的表现效果也较差，如图 1-19 所示。

图1-19

图1-19（续）

3. 逆向照射

逆向照射是指人观察的位置与光源位置成 180°，人的视线面对光源的方向，被绘制的对象基本以暗部为主。逆向照射可对不透明物体产生轮廓光，而对透明或半透明的物体产生透射光，因此对于勾勒物体轮廓、渲染神秘气氛和表现透明、半透明物体最为合适，但不能明确地表达产品色质和设计意图，如图 1-20 所示。

图1-20

4. 混合光源照射

混合光源照射是指被绘制物体有两种以上的光源照射其上，这种情况一般选择对于物体表现形体结构有利的一个光源来表现对象，其余的光源以反光的形式出现或省略，如图 1-21 所示。

图1-21

1.3.2 光线的强度

光线强度决定了产品乃至整个环境的光亮度，正午阳光下的产品光照效果和黄昏时的产品光照效果是完全不同的。

确定产品在光照的影响下所产生的高光、亮部、明暗交界线、暗部、反光以及投影，通过综合表现这些要素而真实地表现产品的表面效果。在固定的光线下，产品所呈现出的亮、暗、灰等关系是由其本身的形态决定的，因此要具体问题具体分析。

下面就以上表现出来的问题归纳分析。

1. 亮部的分析与归纳

亮部是物体正对着光源的部分，主要分为高光面和受光面两部分。

※ 高光面是物体表面上受光照最强，同时也是光线垂直于视平面射入观者眼中的区域，对表现产品形态和质感非常重要。在色彩处理上应当以高明度、低纯度进行表现，而色彩上则以光源色为主。

※ 受光面的明度仅次于高光部分，但是色彩的纯度提高不少，虽然多少也受到光源色的影响，但主要以物体的固有色为主，如图1-22所示。

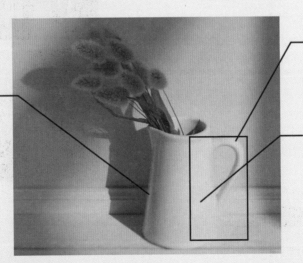

反光面：明度次于受光面，受反射光源色的影响

高光面：受光最强，质感犀利而跳跃

受光面：明度次于高光部分，质感柔和、模糊

图1-22

2. 暗部的分析与归纳

暗部是物体上背向光源的部分，主要包含反光、高光、明暗分界线、补光区域4个层次，如图1-23所示。

图1-23

※ 明暗交界线是突出物体体积感的关键，也是在光照问题确定后首先要确定的部分。它能够明确地划分亮部与暗部区域，使物体凸显出来。一般而言，明暗交界线的位置是确定的，也就是物体表面与照射光线垂直的个点，这就注定了明暗交界线是物体上明度最低的区域。

※ 背光面的色彩明度远低于受光面，色彩也是低调的固有色、环境色和光源色互补色的混合体。

※ 反光是物体暗部受到环境反射而发亮的部分，当然其亮度也是不能和受光面相提并论的，其色调通常与亮部呈补色关系，即光源在物体亮部呈暖色调时，反光部分最好能施以冷色调，这样感觉比较舒服，有时还刻意通过增加补光的方式来强化反光效果，突出冷暖对比，如图 1-24 所示。

图1-24

1.3.3　光线的反射

光线照射在物体上，一部分会被物体吸收，而另一部分则会被反射或折射。事实上，物体的固有色并不是物体自身固有的颜色，而是在光源的作用下所反射出的光线颜色。反射能力的强弱，也是由物体的基本属性决定的。产品二维表达，在多数情况下就是针对物体的反射进行表达，因此研究光线的反射规律与特点有助于理解并正确地进行表现。

1. 反射的种类

产品表面的反射情况主要分为两种，分别是镜面反射和漫反射。两种反射的区别在于反射介质的不同，但也不能将两种反射方式割裂开，因为产品的表面既存在镜面反射又同时存在漫反射，只是比例上有所不同。例如，电镀金属表面以镜面反射为主，而磨砂塑料表面则以漫反射为主，如图 1-25 所示。

镜面反射

漫反射

图1-25

※ 镜面反射严格遵循着光的反射定律——光线的照射角等于反射角，因此反射光线的去向是唯一的。

※ 在漫反射中，照射光线被均匀地向各个

方向反射，因此眼睛在任何位置都可以观察到。

2. 反射的分析与归纳

在产品表现中，镜面反射的表面能够更多地体现环境的影响和色彩，因此，表现镜面反射的关键就在于能否抓住环境的影响；而漫反射则更多地反映出物体表面的固有色和材质，虽然说起来比较容易，但是真正实践时还是较为困难的。漫反射的情况比较容易确定，受光面大，反射区域就大，反之则小。而镜面反射的情况就很复杂了，因为它不仅能够反射光线，还能将周边的物体像镜子一样反映出来。当然，根据光的反射规律分析还是能够归纳出一些简单几何体的反射规律，如图 1-26 所示。

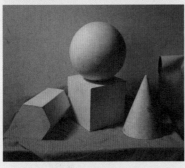

图1-26

而对于那些形态复杂多变的自由曲面，反射的情况就复杂得多，按照传统的分析方法就很麻烦了。那么应当如何表现自由曲面的镜面反射情况呢？这里提供两种解决方法。一种是简化产生反射的周边环境，这样在物体表面产生的反射影像才能单纯、简单，然后根据曲率大小和反射光影的变化规律进行表现，但是处置不当会降低表现对象的质感，如图 1-27 所示；而另一种方法比较准确，但也较为烦琐，就是借助三维软件的一个曲面检测功能——环境贴图工具进行归纳，而且所反映的环境贴图也可以自定义，但是前提是能够提供该部分的三维模型，这对于想探索曲面反射规律的人来说是很有帮助的，如图 1-28 所示。

图1-27

图1-28

1.3.4　物体的投影

投影伴随着光照而产生，即一个受光物体投射在另一个物体上的影子。投影不仅有助于衬托物体，使其产生体量感，还在某种程度上暗示了物体本身的形态。投影可以赋予产品"生命"，使整张表现图更真实、可信。投影由于受到不同光照情况的影响，有软阴影和硬阴影之分，如图 1-29 所示。

图1-29

图1-29（续）

　　而就其形态来说，投影使物体暗部阴影投射到
与物体接触的水平面上，在这种情况下，阴影形
态直接受制于形体性质、形态特征和接触面的情
况，因此可以分析归纳出3种常用的投影表现形式。

1. 真实形态的投影

　　这种形式完全根据实际情况而定，即投影的
形状与物体的形态息息相关，可以运用几何原理
确定出来，如图 1-30 所示。

图1-30

2. 相对位置的投影

　　这种形式较为简单，投影的形态不必严格遵循
物体的形态，只需要投影出现在物体的暗部即可，
目的是强化物体的轮廓，增加其体量感，如图 1-31
所示。

图1-31

图1-31（续）

3. 衬托投影

　　这种形式完全摆脱了光源与形体之间的制约
关系，因此在表现上更为自由，位置、大小完全
由设计师主观决定。与其说是投影，不如说是一
种背景效果，如图 1-32 所示。

图1-32

1.4　产品修图中的材质表现

不同的材质之所以给人带来不同的视觉感受，归根结底是由于不同材质对光线的吸收和反射的不同所造成的，如图1-33所示。

图1-33

图1-34

图1-35所示的不锈钢水壶则通过电镀或者抛光的工艺处理方式，使其呈现高度反光的效果。而图1-36所示的塑料手电筒则通过表面喷涂的工艺，使其表面反射能力大幅增强，好似烧制过的上釉瓷器一般。

由此，可以将各种材质归纳为以下几类：不透明高反光材质、不透明亚光材质，不透明低反光材质、透明材质、半透明材质和自发光材质。

1.4.1　高反光材质

无论是金属、塑料，还是木材、陶瓷等不透明材质，都可以通过不同的加工工艺使其达到高反光的效果，如电镀、抛光、打磨、上釉和打蜡等方法。其目的是突出产品外观坚硬、光洁的特点，一般在厨房用品、洁具、家电和交通工具领域有着广泛的应用。在这类产品中，尤以金属制品最为常见，它们具有很强的反射光线的能力，而且会在表面映射出周围的环境。根据产品表面曲率的不同，映射图像的扭曲程度也会不同。下面就来看几个应用的例子。

图1-34所示为轿车车身表面珍珠漆的反射效果，这种材质主要由两层——底漆和表面的无色釉层经过喷漆和烤漆而成。底漆反映出车身的银灰色固有色，而表面的无色釉层则形成了犀利的反光，因此形成了极其强烈的视觉效果，给人以前卫的豪华感。

图1-35

图1-36

高反光但不透明的材质种类比较多，而且每种材质都有自己的特点，在表现这类产品时，应该注意产品表面上的高光反射都源自于周围环境的作用，因此在进行表现时就不能把产品和环境割裂开来，而是能够想象出反射的影像中哪一个是主光，哪一个是辅光。然而过多地考虑很可能会降低工作效率，甚至得不偿失，因此在表现这种反射时也有一定的规范做法——利用无缝背景配合反光板来简化反射环境的复杂程度，一般以此方法来表现的对象多以金属制品为主，如图1-37所示。由于表面光滑坚硬，因此适合使用柔光箱来拍摄产品，由于产品本身会受到周边环境的影响，因此可以假想一个中性色调的无缝场景被物体反射出来，通过对影像的概括，其中以黑色和白色分别表现暗的环境与反光板的光影效果，从而提升材质的感觉和画面的情趣，图1-38所示就是按照这种方法来表现的产品二维效果图，即便周边环境如此单纯且简单，在平面设计软件中确定产品表面高光的形态和位置仍然是一件挑战想象力的事情，需要大家细心地观察、总结与实践。

图1-37

图1-38

1.4.2　亚光材质

不透明亚光材质其实就是在不透明高反光材质基础上，增加了反射模糊属性。前面已经讲到，反射与物体表面的粗糙程度息息相关，物体表面越光滑，反射越清晰；反之，越模糊。虽然亚光材质不能像高反光材质那样清晰地反射出周边环

境，但对光源的反射还是比木头、陶器等低反光材质的能力强。目前，不透明亚光材质在以塑料为基本材质的电子产品领域有着广泛的应用。使用这种材质，既可以加强产品本身的亲和力，不像金属那样产生坚硬、冰冷的感觉，同时还能起到防滑的作用，与此同时，亚光表面在与手接触后也不容易留下指痕。要使产品表面产生这种亚光效果，主要有两种方式，一种是在模具阶段就将这些粗糙的表面肌理加工到模具内表面上，这样生产出来的制件不用经过二次加工，就能够产生很好的亚光效果，这主要是针对塑料产品而言的。而对于金属材质，可以利用喷砂、拉丝、旋光和喷涂亚光等工艺手段实现。

图1-39所示的数码相机，则是通过在产品表面喷涂亚光金属漆实现亚光效果的；图1-40所示的手机则没有经过任何二次加工，完全是磨砂金属的本色。

图1-39

图1-40

如图1-41和图1-42所示，在设计领域材

质与工艺的运用是非常丰富的，而为了提升产品高档的质感和精湛的工艺，金属拉丝工艺和旋光工艺的运用是非常普遍的。

图1-41

图1-42

此类材质虽然受周边环境的影响较小，但仍然对布光有一定的要求。利用面光源在曲面的转折处形成细长的高光反射，这是基本的要求。而且在多数情况下与高光区域紧连着的就是一块黑色

反光板形成的暗色反光区域，由于喷涂或者磨砂颗粒具有细密的凹凸纹理，两个反射区域是自然过渡的。这就很好地表现了这类金属的亚光反射特性，而且黑白过渡区域的肌理表现是最到位的，如图1-43所示。而图1-44所示则是以亚光材质为主制作的产品效果图。

图1-43

图1-44

1. 磨砂效果

金属磨砂与塑料磨砂效果的做法相似，只不过金属磨砂的黑白对比略显强烈，且颜色偏冷一些。图1-45所示的是在 Photoshop 中表现磨砂金属材质的思路；图1-46所示的是在 Photoshop 中表现磨砂塑料材质的思路。

渐变填充

复制图层添加杂色

设置"颜色加深"混合模式及不透明度

图1-45

渐变填充　复制图层添加杂色　高斯模糊　设置"减去"混合模式及不透明度

图1-46

2. 拉丝效果

这种表面处理工艺在厨房家电产品中应用较广，在 Photoshop 中表现拉丝效果的思路也很简单，如图 1-147 所示。

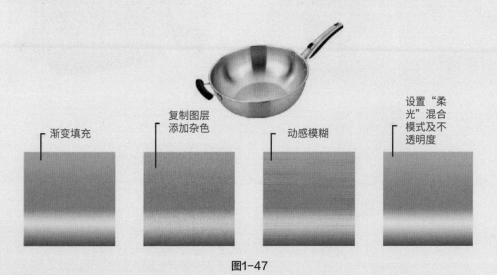

渐变填充　复制图层添加杂色　动感模糊　设置"柔光"混合模式及不透明度

图1-47

3. 旋光效果

旋光效果这种表面处理工艺在手机、音响按钮等产品中应用较广，在 Photoshop 中表现旋光效果的思路比较简单，如图 1-48 所示。

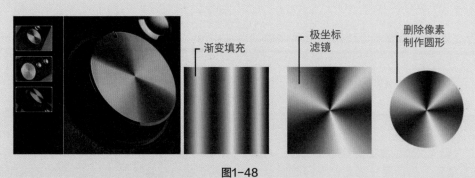

渐变填充　极坐标滤镜　删除像素制作圆形

图1-48

1.4.3　非透明材质

诸如橡胶、木材、砖石、织物和皮革等属于不透明且低反光的材质，本身不透光且少光泽，光线在其表面多被吸收和漫反射，因此各表面的固有色之间过渡均匀，受到外部环境的影响较少。这类材质的产品是最容易表现的，在布光与场景设定方面有着很大的自由度，多以泛光源来突出产品表面柔和的感觉，如图1-49所示。

图1-50

图1-49

这类产品表现起来比较自由，因此在布光方面也没有什么特别的讲究，对于熟练掌握了前面两种材质表现方法的人来说也不是什么难事，但要遵循以下几个原则。

第一，重点应当放在材质纹路与肌理的刻画上。

第二，表现橡胶、木材和石材等硬质材料时，线条应当挺拔、硬朗，结构、块面处理要清晰、分明，目的是突出材料的纹理特性，弱化光影表现。

第三，表现织物、皮革等软质材料时，明暗对比应当柔和，弱化高光的处理，同时避免生硬线条的出现。图1-50所示为此类材质的表现效果。

1.4.4　透明材质

透明材质的透射率极高，如果表面光滑平整，人们便可以直接透过其本身看到后面的物体；而如果产品是曲面形态，那么在曲面转折的地方会由于折射现象而扭曲后面物体的影像。因此，如果透明材质产品的形态过于复杂，光线在其中的折射过程就会非常复杂，透明材质既是一种富有表现力的材质，同时又是一种表现难度较高的材质。表现时仍然要从材质的本质属性入手，反射、折射和环境背景是表现透明材质的关键，将这三个要素有机地结合，就能表现出晶莹剔透的效果。

透明材质有一个极为重要的属性——菲涅尔原理，这个原理主要阐述了物体表现法线与视线的夹角越大，物体表面出现反射的情况就越强烈。相信大家都有这样的经验，当站在一堵无色玻璃幕墙前时，直视墙体能够不费力地看清墙后面的事物，而当视线与墙体法线的夹角逐渐增大时，就会发现要看清墙后面的事物变得越来越不容易，反射现象越来越强烈了，周围环境的影像也清晰可辨，如图1-51所示。

图1-51

透明材质在产品设计领域有着广泛的应用，由于它们具有既能反光又能透光的作用，所以经过透明件修饰的产品往往具有很强的生命力和冷静的美，人们也常常将它们与钻石、水晶等透明而珍贵的宝石联系起来，因此对于提升产品档次也起到了一定的作用，如图 1-52 所示。无论是电话按键、冰箱把手，还是玻璃器皿等，大多是透明材质的。

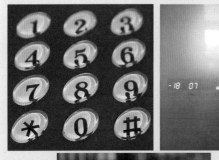

图1-52

玻璃、透明亚克力这类材料通常光洁度较高，亮部会形成明亮的高光区域，而投影也会由于受到透射的光线影响而变得比较通透，甚至会产生"焦散"效果——在投影区域出现一个透射光线汇聚成的亮点。要表现这类材质，经常用的布光方式以底光、顶光或逆光为主，而背景多以白色和黑色为主。白色背景不仅可以很好地体现透明材质的晶莹剔透，也非常便于进行后期处理；而黑色背景则可以使表现图体现一种深沉、高贵、冷峻的感觉，苹果系列产品是运用白色和黑色塑造产品性格的典范，如图 1-53 所示。

图1-53

此类材质虽然光影变化情况复杂，但仍然有几条表现规律可以遵循。

第一，此类材质反射性强，亮部存在反射与炫光，因此不易看清内部结构，而暗部反射较少，可以看清内部结构及其后面的环境。

第二，表现透明材质产品时，应当先从暗部入手，表现其内部结构、背景色彩及反射的环境，然后再表现亮部的高光和暗部的反光，以突出其形体结构和轮廓。

第三，材料较厚或表现透明的侧面时，应注意此时的光线会发生反射和折射。这时应重点表现材料自身的反射及环境色。

第四，大多数无色透明材质都略显冷色调，一般为蓝色，而透明材质的亮色和暗色均接近于中间调。

本着这几条规律，无论是手机屏幕、透明锅盖，还是各种玻璃器皿，都可以较为真实地表现透明材质产品的特点，如图1-54所示。

半透明材质和透明材质一样具有透射光线的能力，但由于半透明材质的透射率较低，透过这种材质所看到的物体影像是比较朦胧的。那么什么是透射率呢？单位强度的光线穿透单位厚度的半透明材质后的量与光线到达物体表面的总量的比值，即半透明材质的"透射率"。因此，不难看出材质的透明效果光线强度和质厚度有关，光线越强，半透明物体的厚度越薄，透明效果就越好。除去材质本身的特性，还有两个次要原因，一是产品表面本身不够光滑，二是产品内部具有吸收或阻碍光线透过的成分与结构。

半透明材质是比较常见的一种材质，皮肤、玉石、石蜡等都属于天然的半透明材质，而以人工合成的半透明塑料为基础制成的各式产品就更多了，如图1-56所示。除了半透明塑料，人们也通过雾化侵蚀的手段将透明玻璃转化为磨砂玻璃，使其表现出半透明的效果，如图1-57所示。

图1-54

亚克力是英文 Acryl 的音译，学名为聚甲基丙烯酸甲酯，也就是人们常说的有机玻璃。这是一种高度透明、无毒、无味的热塑性树脂。由于亚克力优异的光学特性，因此被广泛应用于产品设计领域，它可以用作 LCD 饰片（同时起到保护 LCD 表面的作用）、按键或透明外壳等，如图1-55所示。

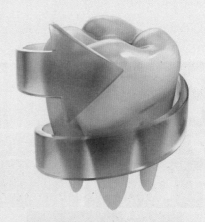

图1-56

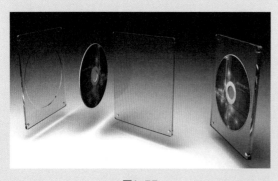

图1-55

图1-57

半透明材质在三维软件中统称为"3S（Subsurface Scattering Shaders）材质"，即次表面散射材质，三维软件中有一套专门的参数来控制材质效果。而二维软件中表现这类材质比较复杂，因为相当于在透明材质制作的基础上增加了散射这一属性，所以一定要考虑好光线的入射效果和物体透光的情况再着手制作。在具体操作上，可以延用制作透明材质时所遵循的规律，适当减弱高光和反射强度，而在对待半透明材质背后的物体时应当采取添加模糊效果（或滤镜）的方法，如图1-58所示。

图1-58

1.4.6　自发光

自发光材质是人造物所特有的一种材质，种类也比较多，就目前在电气、电子产品中的应用情况来看，主要以LED（发光二极管）为主，兼有VFD（真空荧光动态显示）、电致发光玻璃和各种显示屏等其他产生自发光效果的媒介。

1.LED

这种自发光技术早先仅用于产品的指示功能，然而随着技术的不断进步，LED也被大量用于产品外观的装饰领域。通过各种颜色、各种形态排列的LED发光体，着实为产品增色不少，如图1-59所示。

图1-59

2.VFD

这是一种从真空电子管发展而来的自发光显示技术，它的基础特性与电子管的工作特点基本相同，通过电子激发荧光粉而得到发光的效果。由于这种技术具有多色彩显示、亮度高的特点，因此被广泛应用于家电产品、工业仪器设备领域，如图1-60所示。

图1-60

3. 电致发光玻璃

将发光材料涂抹在玻璃上，利用电致发光原理即可得到这种特殊的自发光技术，它的优点是形式比较自由，可以根据需求在玻璃表面表现各种形状的发光效果，如图 1-61 所示。

图1-61

4. 各种显示屏

这是使用最早也是最为成熟的显示发光技术，LCD、QVGA、PLASMA 等显示方式已经是目前娱乐影音产品市场的主流技术，尤其是 LCD 技术已经应用于一些高档白色家电产品上，如图 1-62 所示。

图1-62

自发光材质的表现相对于前面介绍的几种材质而言，比较简单。对于单色的 LED 类型的发光体来说，只需要填充发光区域、创建图层副本及应用高斯模糊效果来模拟光晕效果即可。而要衬

托出自发光的效果，在保证发光体颜色鲜艳、明度较高的同时，背景（也就是显示区域的底色）也要尽量暗下去，如图 1-63 和图 1-64 所示。

图1-63

图1-64

像手机、MP4 这类带有 TFT 彩屏的数码产品，在远看显示画面时非常清晰，而如果离近了观察则可以发现其实画面是由一个个微小的像素组成的，如果能在表现屏幕显示的同时表现出屏幕上像素的效果，那样产品表达的效果无疑会真实许多，如图 1-65 所示。

图1-65

第2章
Photoshop材质与配色工具

材质的表现和产品色彩的搭配在整个电商产品设计中显得至关重要，关系到是否能够吸引到买家来购买商品。在本章中，将以电商产品设计与修图的操作流程为主线，全面介绍Photoshop软件的线稿设计、材质与配色工具。

2.1 Photoshop 2022 软件入门

Photoshop 软件是目前世界上应用范围最广、平面图像处理功能最强大的图像编辑软件，它不仅可以完美地修改、润饰现有的图像照片，在数字模拟手绘效果方面也不亚于任何仿真绘画软件。

Photoshop 集图像输入、编辑修改、图像制作、广告创意等功能于一身，最新版本 Photoshop 2022 具备先进的图像处理功能、全新的创意选项和极快的处理性能。润色图像具有更高的精度，如图 2-1 所示。

图2-1

那么，全新的 Photoshop 2022 又有哪些新功能为创作者们带来不一样的体验呢？

2.1.1 Photoshop 2022 新功能介绍

Photoshop 2022 于 2021 年 12 月发布，针对用户曝光的问题做了优质修复，并对性能进行了增强。

※ 悬停时的自动选择：当将鼠标悬停在一部分图像上并单击时，自动选择这部分图像。在进行复杂编辑时节省时间，并更快提供结果，如图 2-2 所示。

※ 共享以供注释：直接在 Photoshop 中快速与协作者共享设计，以供查看和接收反馈，而无须离开 Photoshop ，如图 2-3 所示。

图2-2

图2-3

※ 改进了与 Illustrator 的互操作性：改进了 Illustrator 与 Photoshop 之间的互操作性，允许在享有交互操作的同时，轻松地将那些带有图层矢量形状、路径和矢量蒙版的 Ai 文件引入 Photoshop，以便继续编辑和处理这些文件，如图 2-4 所示。

图2-4

※ 新增并改进 Neural Filters（神经网络过滤器）：利用 Adobe Sensei 提供的全新 Neural Filters 测试版，包括景观混合器、色彩传递和协调，探索一系列创意想法，如图 2-5 所示。

图2-5

※ 更多增效工具：Creative Cloud 新的统一可扩展性平台 (UXP) 是一个共享技术堆栈，它提供了一个统一的新式 JavaScript 引擎，具有更高效、可靠和安全的特点。为了实现工作协作，新的合作伙伴构建在 Globaledit（支持企业创意工作流程的一种 DAM）和 Smartsheet 等新平台上。可以安装增效工具以简化创意工作流程，在 Photoshop 的菜单栏中执行【增效工具】|【增效工具面板】命令，然后浏览【插件】选项卡中的新增效工具，如图 2-6 所示。

图2-6

※ 改进色彩和 HDR 功能：Photoshop 现在支持 Apple 的 Pro Display XDR，在动态的完整范围内查看设计。除 Apple Pro Display XDR 外，新发布的 Macbook Pro 14 英寸和 16 英寸机型也具有 XDR 显示器，这有助于更丰富地查看颜色。例如，黑色看起来更深，白色看起来更亮，介于两者之间的所有颜

色看起来更像自然界中的样子，如图2-7所示。

图2-7

※ 统一文本引擎：统一文本引擎替代了旧版文本引擎，并启用了一些高级排版功能，用来处理世界各地的语言和脚本，包括阿拉伯语、希伯来语、印度语、日语、汉语和韩语脚本。有了统一文本引擎后，所有高级排版功能都将自动可用并集中位于 Photoshop 的文字属性面板中，如图 2-8 所示。

图2-8

※ 新式油画滤镜：针对 Mac OS 和 Windows，重新调整了基于 GPU 的油画滤镜。此版本为兼容 DirectX/Metal 的 GPU 添加了新的支持，不再依赖于计算机上的 OpenCL 子系统。要访问油画滤镜，可在 Photoshop 的菜单栏中执行【滤镜】|【风格化】|【油画】命令，然

后在打开的【油画】对话框中设置滤镜属性，如图 2-9 所示。

图2-9

※ 改变的渐变工具：借助新的插值选项，现在的渐变看起来比以往更清晰、更明亮、更出色。借助此版本，可以测试新式渐变工具和渐变插值方法，它们可以更好地控制如何创建美观且更平滑的渐变。渐变将具有更自然的混合效果，并且看起来更像在物理世界中看到的渐变（如日落或日出的天空）。还可以添加、移动、编辑和删除色标，并更改渐变 Widget 的位置，如图 2-10 所示。

古典模式

可感知模式

图2-10

线性模式

图2-10（续）

技术要点： 古典模式保留 Photoshop 原有的显示渐变方式；可感知模式将显示人类在物理世界中感知的光，并混合最接近的渐变；线性模式用于包括 Illustrator 在内的其他应用程序，并且还将显示更接近自然光显示效果的渐变。

2.1.2 图像变形操作

移动、旋转、缩放、扭曲等是图像处理的基本方法，其中，移动、旋转和缩放称为"变换操作"；扭曲和斜切称为"变形操作"。下面来了解怎样进行变换操作和变形操作。

1. 定界框、中心点和控制点操作

在【编辑】|【变换】子菜单中包含各种变换命令，如图 2-11 所示，它们可以对图层、路径、矢量形状，以及选中的图像进行变换操作。

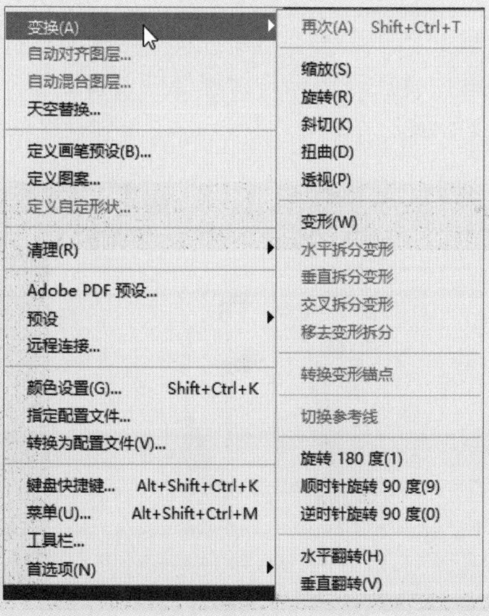

图2-11

执行这些命令时，当前对象周围会出现一个定界框，定界框中央有一个中心点，四周有控制点，如图 2-12 所示。默认情况下，中心点位于对象的中心，它用于定义对象的变换中心，拖动它可以移动其位置。拖动控制点则可以进行变换操作。图 2-13 ～ 图 2-15 所示为中心点在不同位置时图像的旋转效果。

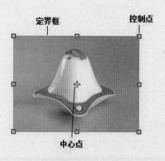

图2-12

图2-13

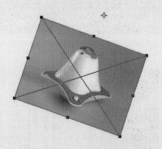

图2-14

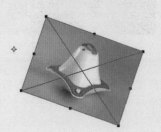

图2-15

2. 移动图像

【移动工具】 是最常用的工具之一，无论是移动文档中的图层、选区内的图像，还是将其他文件中的图像拖入当前文档，都需要使用该工具。

（1）在同一文档中移动图像。

在【图层】面板中单击要移动的对象所在的图层，使用【移动工具】 在画面中单击并拖动鼠标，即可移动该图层中的图像，如图 2-16所示。

图2-16

如果创建了选区，则将鼠标指针放在选区内，拖动鼠标可以移动选中的图像，如图 2-17所示。

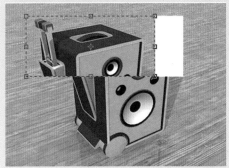

图2-17

（2）在不同的文档之间移动图像。

打开两个或多个文档，选择【移动工具】 ，将鼠标指针放在画面中，单击并拖动鼠标至另一个文档的标题栏，如图 2-18 所示，停留片刻切换到该文档，如图 2-19 所示，将鼠标指针移动到画面中并放开鼠标可将图像拖入该文档，如图2-20 所示。

图2-18

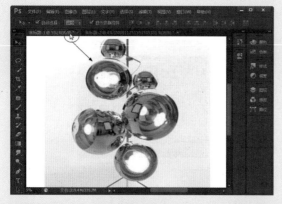

图2-19

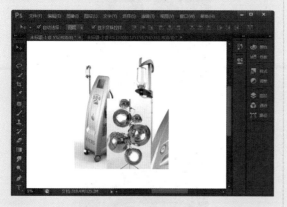

图2-20

图2-21

图2-22

图2-23

技术要点: 将一个图像拖入另一个文档时,按住 Shift 键操作,可以使拖入图像位于当前文档的中心。如果这两个文档的大小相同,则拖入的图像就会与当前文档的边界对齐。

3. 斜切与扭曲

按快捷键 Ctrl+T 显示定界框,将鼠标指针放在定界框外侧位于中间位置的控制点上,按住 Shift+Ctrl 键,鼠标指针会变为 状,单击并拖动鼠标可以沿水平方向斜切对象,如图2-21 所示。拖动定界框四周的控制点(鼠标指针会变为 状),可以沿垂直方向斜切对象,如图 2-22 所示。

按下 Esc 键取消操作。按快捷键 Ctrl+T 显示定界框,将鼠标指针放在定界框四周的控制点上,按住 Ctrl 键,鼠标指针会变为 状,单击并拖动鼠标可以扭曲对象,如图 2-23 所示。

4. 透视变换

按快捷键 Ctrl+T 显示定界框。将鼠标指针放在定界框四周的控制点上,按住 Shift+Ctrl+Alt 键,鼠标指针会变为 状,单击并拖动鼠标可进行透视变换,如图 2-24 所示。

图2-24

5. 精确变换

在菜单栏中执行【编辑】|【自由变换】命令，或按快捷键 Ctrl+T 显示定界框，工具选项栏中会显示各种变换选项，如图 2-25 所示。在文本框内输入数值并按 Enter 键，即可进行精确的变换操作。

图2-25

在 X 文本框内输入数值，可以水平移动图像，如图 2-26 所示；在 Y 文本框内输入数值，可以垂直移动图像，如图 2-27 所示。同理，可精确控制长宽比及图像旋转。

图2-26　　　　　图2-27

6. 变换选区内的图像

选择【矩形选框工具】，在画面中单击并拖动鼠标创建一个矩形选区，如图 2-28 所示。按快捷键 Ctrl+T 显示定界框，然后拖动定界框上的控制点，可以对选区内的图像进行旋转、缩放等变换操作，如图 2-29 和图 2-30 所示。

图2-28

图2-29

图2-30

7. 对齐图像

对齐有助于精确放置选区边缘、裁剪选框、切片、形状和路径。选择【视图】|【对齐】命令，表示已启用对齐功能。

选择【视图】|【标尺】命令，也可按快捷键 Ctrl+R，标尺会出现在当前窗口的顶部和左侧。当移动鼠标指针时，标尺内的标记会显示鼠标指针的位置，同时更改标尺原点。可以从图像上的特定点开始度量，标尺原点也确定了网格的原点，如图 2-31 所示。

技术要点：在拖动时按住 Shift 键，以使标尺原点与标尺刻度对齐。要将标尺的原点复位到其默认位置，可以双击标尺的左上角。按快捷键

Ctrl+R 可显示标尺，同时也可再次按下该快捷键隐藏标尺。

图2-31

参考线是浮动在图像上的，不会打印出来的线条。从标尺单击拖动到画面中即可显示。选择【视图】|【锁定参考线】命令，参考线将不会出现意外移动。

选择【视图】|【显示】|【网格】命令，将直接出现网格。网格对于对称排列像素很有用。在默认情况下，显示为不打印出来的线条，但也可以显示为点，如图 2-32 所示。

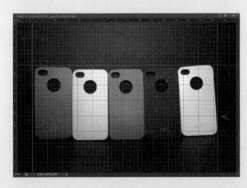

图2-32

技术要点： 拖动参考线时按住 Shift 键，可使参考线与标尺上的刻度对齐。如果网格可见，并选择了【对齐】|【网格对齐】命令，则参考线将与网格对齐。

8. 操控变形

操控变形是 Photoshop 中的图像变形功能，它与变形网格类似，但功能更加强大，也更吸引人。

使用该功能可以在图像的关键点上放置"图钉"，然后通过拖动图钉来对图像进行变形操作。例如，可以轻松地让动物手臂、躯干摆出不同的姿态，如图 2-33 所示。

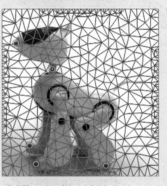

图2-33

2.1.3　图像的裁剪与切片

【裁剪工具】可以对画面进行裁剪，裁剪后的图像直接为选框内所选取的图像，如图 2-34 所示。

【透视裁剪工具】可以在原有裁剪效果的基础上改变裁剪的形状，同时将画面进行透视处理，如图 2-35 所示。

图2-34

图2-35

图2-35（续）

【切片工具】与【切片选择工具】是分割画面的辅助性工具。【切片工具】主要对画面进行分割，而【切片选择工具】则主要对分割的画面区域进行操作，如图2-36所示。

图像切片

图像切片选择

图2-36

2.2 选区在修图中的应用

"选区"就是用户在图像中选择的包含图像的非透明区域。当要选择由透明区域围绕或包含透明区域的文本或图像内容时，创建选区将很有用。

在Photoshop中，选区由封闭的虚线框来表示，可以在选区中进行抠图、配色、变换操作等。例如，将所需图形从原始图像中扣取出来，然后置入新的背景，如图2-37所示。

选择图像

置入新背景

图2-37

图2-38

图2-39

2.2.1　选区的基本操作

选区与图像的选择有关，下面介绍在产品修图中的常见选区基本操作。

1. 全选与反选

在菜单栏中执行【选择】|【全部】命令或按快捷键 Ctrl+A，可以选择当前项目内的全部图像，如图 2-38 所示。要复制整个图像，可按快捷键 Ctrl+C。如果当前项目中包含多个图层，则可按快捷键 Shift+Ctrl+C 进行组合复制。

创建选区后，在菜单栏中执行【选择】|【反向】命令或按快捷键 Shift+Ctrl+I，可以反转当前选区。当图像的背景色比较简单时，可先用【魔棒工具】选择背景，再执行【反向】命令反转选区，可快速将对象选中，如图 2-39 所示。

2. 取消选择与重新选择

创建选区后，执行【选择】|【取消选择】命令或按快捷键 Ctrl+D，可以取消选择。如果要恢复被取消的选区，可以执行【选择】|【重新选择】命令。

3. 选区运算

选区运算是指在画面中存在选区的情况下，使用【选框工具】【套索工具】和【魔棒工具】等创建新选区时，新选区与现有选区之间进行运算，从而生成需要的选区，如图 2-40 所示。通常情况下，一次操作很难将所需对象完全选中，这就需要通过运算来对选区进行完善。

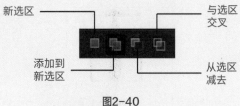

图2-40

※ 新选区■：单击该按钮，如果图像中没有选区，可以创建一个选区，如图2-41所示为创建的圆形选区；如果图像中有选区，则新创建的选区会替换原有的选区。

※ 添加到选区■：单击该按钮，可在原有选区的基础上添加新的选区，如图2-42所示为在现有圆形选区的基础上添加的矩形选区。

图2-41

图2-42

※ 从选区减去■：单击该按钮，可在原有选区中减去新创建的选区，如图2-43所示。

※ 与选区交叉■：单击该按钮，画面中只保留原有选区与新创建选区相交的部分，如图2-44所示。

图2-43

图2-44

技术要点：如果当前图像中有选区，则使用【选

框工具】【套索工具】和【魔棒工具】继续创建选区时，按住 Shift 键单击并拖动为当前选区添加选区，相当于单击【添加到选区】按钮■；按住 Alt 键可以在当前选区中减去绘制的选区，相当于单击【从选区减去】按钮■；按住 Shift+Alt 键可以得到与当前选区相交的选区，相当于单击【与选区交叉】按钮■。

4.移动选区

使用【矩形选框工具】■、【椭圆选框工具】■创建选区时，在释放鼠标按键前，按住空格键拖动鼠标，即可移动选区。

创建选区后，如果新选区按钮为按下状态，则使用【选框工具】【套索工具】和【魔棒工具】时，只要将鼠标指针放在选区内，单击并拖动鼠标即可移动选区，如图2-45所示。如果要轻微移动选区，可以按↑、↓、←、→键。

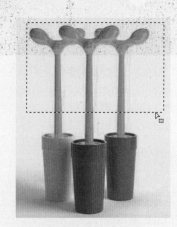

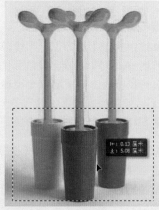

图2-45

5. 隐藏与显示选区

创建选区后，执行【视图】|【显示】|【选区边缘】命令或按快捷键 Ctrl+H，可以隐藏选区。如果要用画笔绘制选区边缘的图像，或者对选中的图像应用滤镜，将选区隐藏之后，可以更加清楚地看到选区边缘图像的变化情况。

> **技术要点：** 隐藏选区以后，选区虽然看不见，但它仍然存在，并限定操作的有效区域。需要重新显示选区，可按快捷键 Ctrl+H。

2.2.2 抠图方法

选择对象后，如果将它从背景中分离出来，整个操作过程称为"抠图"，所以抠图方法指的就是选区的创建方法。Photoshop 提供了大量的选择工具，以适合选择不同类型的对象。但很多复杂的图像，如人像、毛发等，需要多种工具配合才能抠出。

1. 基本形状选择法

边缘为圆形、椭圆形和矩形的对象，可以用选框工具来选择，例如，图 2-46 所示为使用【椭圆选框工具】■选择的圆形吊灯。边缘若为直线的对象，可用【多边形套索工具】■来选择，如图 2-47 所示。如果对选区的形状和准确度要求不高，可以用【套索工具】○徒手快速绘制选区，如图 2-48 所示。

图2-47

图2-48

2. 利用色调差异创建选区

【快速选择工具】■、【魔棒工具】■、【色彩范围】命令、【混合颜色带】和【磁性套索工具】■都可以基于色调之间的差异建立选区。如果需要选择的对象与背景之间色调差异明显，可以用以上工具来创建选区。例如，图 2-49 所示为使用【色彩范围】命令抠出的图像。可以在菜单栏中执行【选择】|【色彩范围】命令，打开【色彩范围】对话框。

图2-46

图2-49

图2-51

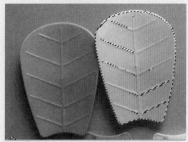

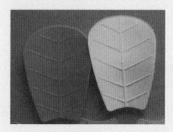

图2-52

图2-49（续）

5. 利用通道创建选区

在通道中进行抠图，特别适合选择如毛发等细节丰富的对象，玻璃、烟雾、婚纱等透明的对象，以及被风吹动的旗帜、高速行驶的汽车等边缘模糊的对象。在通道中，可以使用画笔工具、滤镜工具、选区工具、图层的混合模式等编辑选区。例如，图2-53所示的雕像就是在通道中抠出的。

3. 利用钢笔工具创建选区

【钢笔工具】 是矢量工具，可以绘制直线，也可以绘制圆滑的样条曲线。如果对象边缘光滑，并且呈现不规则形状，即可用【钢笔工具】描摹对象的轮廓，再将轮廓转换为选区，从而选中对象，如图2-50所示。

绘制轮廓　　　转换为选区　　　从背景中抠出

图2-50

4. 在快速蒙版模式下编辑选区

创建选区后，在菜单栏中执行【选择】|【在快速蒙版模式下编辑】命令，进入快速蒙版模式，将选区转换为蒙版图像，此时即可使用各种绘画工具和滤镜对选区进行细致加工，就像处理图像一样。例如，图2-51所示为普通选区，图2-52所示为在快速蒙版模式下的选区。

图2-53

图2-53（续）

图2-54（续）

2.2.3 选区的细化

当抠图对象中有许多细部特征时，而创建的选区又不够精确，此时可以使用【选择并遮住】功能来细化选区。该工具可轻松地选择毛发等细微的图像，还能消除选区边缘的背景色。例如，先使用【套索工具】画出对象的大致形状后，在图形区上方的工具栏中单击【选择并遮住】按钮，进入选区的调整模式，利用【属性】选项卡中的调整工具对选区进行调整，包括两种调整方式：选择主体和调整细线。

1. 选择视图模式

在图像中创建选区后，在菜单栏中执行【选择】|【选择并遮住】命令，在图形区右侧会打开【属性】面板。首先在【视图模式】选项组中选择一种视图模式，以便更好地观察选区的调整结果，如图2-54所示。

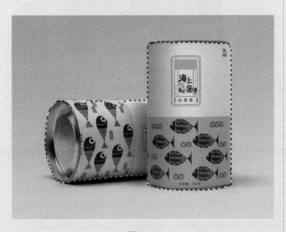

图2-54

2. 调整选区边缘

在【属性】面板的【全局调整】选项组中，可以对选区进行平滑、羽化、对比度、移动边缘等处理。

在图形区顶部的工具栏中单击【主体】按钮，可以将之前的选区删除，并重新选择主体（抠图对象）来创建选区，如图2-55所示。随后系统会自动根据之前建立的选区进行智能识别，最大化地建立选区，将主体对象包含在选区中。如果发现新建立的选区效果不好，或者还没有完全包含对象，那么可以使用图形区左侧工具栏中的【对象选择工具】，选取主体对象后系统自动完成选区的调整，效果如图2-56所示。

图2-55

图2-56

调整选区后可单击【属性】面板底部的【确定】按钮，结束调整。

动手操作——用细化工具抠取玩具毛发

选区调整模式中包含【选择主体】和【调整细线】两个选区细化工具，通过这些工具可以轻松抠出毛发。

01　打开本例素材文件，在工具箱中单击【对象选择工具】按钮▣（单击此按钮将自动进入选区调整模式），在图形区中将玩具对象选中并创建选区，如图 2-57 所示。

图2-57

技术要点： 单击【对象选择工具】按钮，系统会自动进入选区调整模式，等同于在工具属性栏中单击【选择主体】按钮。

02　在工具属性栏中单击【选择并遮住】按钮，打开【属性】面板，然后选择【黑白】视图模式，如图 2-58 所示。

图2-58

03　在【边缘检测】选项组中选中【智能半径】复选框，将【半径】值设置为 250 像素，可以看到毛发效果已经形成了，如图 2-59 所示。

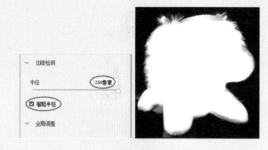

图2-59

04　在【输出设置】选项组中选择【新建带有图层蒙版的图层】选项，选中【净化颜色】复选框，然后单击【确定】按钮，将玩具抠出来，如图 2-60 所示。打开"背景 .jpg"图像文件，并将抠出来的玩具图像拖入该文档中，如图 2-61 所示。

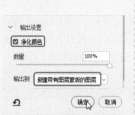

图2-60

图2-61

2.2.4　存储选区和载入选区

1. 存储选区

抠取一些复杂的图像需要花费大量的时间，为避免因断电或其他原因造成劳动成果付诸东流，就要及时保存选区，同时也会为以后使用和修改带来方便。

要存储选区，可以单击【通道】面板底部的【将选区存储为通道】按钮  ，将选区保存在Alpha通道中，如图2-62所示。

图2-62

此外，执行【选择】|【存储选区】命令也可以保存选区。执行该命令时会打开【存储选区】对话框，如图2-63所示。

图2-63

2. 载入选区

按住Ctrl键单击通道缩览图，即可将选区载入图像中，如图2-64所示。此外，执行【选择】|【载入选区】命令也可以载入选区。执行该命令时会打开【载入选区】对话框，如图2-65所示。

图2-64

图2-65

2.3 产品修图中的配色

在实际的产品修图工作中，我们会经常用到Photoshop的颜色及配置工具，对图像进行反复校对，以符合商业要求。

2.3.1 颜色模式

在Photoshop中，可利用颜色模式对图形的颜色进行合成。颜色模式决定了如何基于颜色模式中的通道数量来组合颜色。Photoshop提供位图、灰度、CMYK、索引颜色、RGB等常见模式，图2-66所示为常见的几种颜色模式的具体表现。

1.RGB 模式（上千万种颜色）

2.CMYK 模式（数百万种印刷色）

3. 索引模式（256 种颜色）

4. 灰度模式（256 级灰度）

5. 位图模式（两种颜色）

图2-66

在菜单栏中执行【图像】|【模式】命令，可在展开的菜单中选择合适的颜色模式，如图2-67所示。

图2-67

当然也可以在新建文档时在【新建文档】对话框的【颜色模式】下拉列表中选择合适的颜色模式，如图 2-68 所示。下面重点学习一些常用的颜色模式。

图2-68

1.RGB 颜色模式

RGB 颜色模式使用 RGB 模型，并为每个像素分配一个强度值。在 8 位 / 通道的图像中，彩色图像中的每个 RGB（红色、绿色、蓝色）分量的强度值为 0（黑色）~255（白色）。例如，亮红色使用 R 值 246、G 值 20 和 B 值 50。当所有这 3 个分量的值相等时，结果是中性灰。当所有分量的值均为 255 时，结果是纯白色；当这些值都为 0 时，结果是纯黑色。

RGB 图像使用 3 种颜色或通道在屏幕上重现颜色。在 8 位 / 通道的图像中，这 3 个通道将每个像素转换为 24（8 位 x3 通道）位颜色信息。对于 24 位图像，这 3 个通道最多可以重现 1670 万种颜色 / 像素。对于 48 位（16 位 / 通道）和 96 位（32 位 / 通道）图像，每像素可以重现甚至更多的颜色。新建的 Photoshop 图像的默认模式为 RGB，计算机显示器使用 RGB 模型显示颜色。这意味着在使用非 RGB 颜色模式（如 CMYK）时，Photoshop 会将 CMYK 图像转换为 RGB，以便在屏幕上显示。

尽管 RGB 是标准颜色模型，但是所表示的实际颜色范围仍因应用程序或显示设备而异。Photoshop 中的 RGB 颜色模式会根据用户在【颜色设置】对话框中指定的工作空间设置而不同。

2.CMYK 模式

在 CMYK 模式下，可以为每个像素的每种印刷油墨指定一个百分比值。为较亮（高光）颜色指定的印刷油墨颜色百分比较低；而为较暗（阴影）颜色指定的百分比较高。例如，亮红色可能包含 2% 的青色、93% 的洋红、90% 的黄色和 0% 的黑色。在 CMYK 图像中，当 4 种分量的值均为 0% 时，就会产生纯白色。

在制作要用印刷色打印的图像时，应使用 CMYK 模式。将 RGB 图像转换为 CMYK 即产生分色。如果从 RGB 图像开始，则最好先在 RGB 模式下编辑，然后在编辑结束时转换为 CMYK。在 RGB 模式下，可以使用【校样设置】命令模拟 CMYK 转换后的效果，而无须更改实际的图像数据。也可以使用 CMYK 模式直接处理从高端系统扫描或导入的 CMYK 图像。

3. 灰度模式

灰度模式在图像中使用不同的灰度级。在 8 位图像中，最多有 256 级灰度。灰度图像中的每个像素都有一个 0（黑色）到 255（白色）的亮度值。在 16 和 32 位图像中，图像的级数比 8 位图像要大得多。

4. 索引模式

索引颜色模式可以生成最多 256 种颜色的 8 位图像。当转换为索引颜色时，Photoshop 将构建一个颜色查找表，用于存放并索引图像中的颜色。如果原图像中的某种颜色没有出现在该表中，则程序将选取最接近的一种颜色，或者使用仿色以现有颜色来模拟该颜色

5. 位图模式

位图模式使用两种颜色值（黑色或白色）之一表示图像中的像素。位图模式下的图像被称为"位映射 1 位图像"，因为其位深度为 1。

6. 多通道模式

多通道模式图像在每个通道中包含 256 个灰阶，对于特殊打印很有用。多通道模式图像可以存储为 Photoshop、大文档格式 (PSB)、Photoshop 2.0、Photoshop Raw 或 Photoshop DCS 2.0 格式。

当将图像转换为多通道模式时，要注意以下问题。

※ 由于不支持图层，因此图层已拼合。

※ 原始图像中的颜色通道在转换后的图像中将变为专色通道。

※ 通过将 CMYK 图像转换为多通道模式，可以创建青色、洋红、黄色和黑色专色通道。

※ 通过将 RGB 图像转换为多通道模式，可以创建青色、洋红和黄色专色通道。

※ 通过从 RGB、CMYK 或 Lab 图像中删除一个通道，可以自动将图像转换为多通道模式，同时拼合图层。

※ 要导出多通道图像，需要以 Photoshop DCS 2.0 格式存储图像。

2.3.2 色彩的调整

当产品原图的色彩达不到展示要求时，可以对图像进行调整。根据对产品图像质量要求的高低可以采用不同的调整方式，下面介绍几种常用方式。

1. 简单调整

当产品图像要求不高时，可以对图像进行简单的调色处理。

动手操作——简单调色处理

01 打开本例源文件"肤乐修护霜.jpg"，如图 2-69 所示。产品图中背景较灰暗，产品反光和折射光效果比较差。

图2-69

02 在菜单栏中执行【图像】|【调整】|【亮度/对比度】命令，打开【亮度/对比度】对话框。

03 通过手动调整亮度值和对比度值，得到一个比较好的效果，如图 2-70 所示。

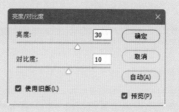

图2-70

图2-70（续）

04　也可以根据系统识别来自动设置颜色、色调和对比度。在菜单栏中分别执行【图像】|【自动色调】命令、【图像】|【自动对比度】命令、【图像】|【自动颜色】命令，可得到如图 2-71 所示的效果。

图2-71

05　在菜单栏中执行【文件】|【存储】命令，保存图像文件。

2. 精细化调色

当产品图的表现要求较高时，就需要进一步精细调色，主要命令有【色阶】【曲线】【色彩平衡】【匹配颜色】【通道混合器】等命令。

动手操作——精细化调色

可以使用"色阶"命令，调整图像的阴影、中间调和高光的强度级别，从而校正图像的色调范围和色彩平衡，还可以通过调整阴影和高光改善环境光的反射和折射。

01　打开本例源文件"洋酒.jpg"，如图 2-72 所示。

02　在菜单栏中执行【图像】|【调整】|【色阶】命令，打开【色阶】对话框，如图 2-73 所示。

图2-72

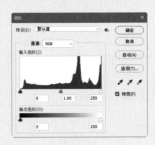

图2-73

03　在【通道】下拉列表中选择【RGB】选项，并在【输入色阶】的色阶图中向右拖动左侧黑色滑块（或者直接输入值），以此调整黑颜色的深度，移动后可预览调色效果，如图 2-74 所示。

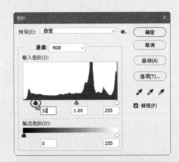

图2-74

04　向左拖动右侧的白色滑块，此时材质的高光效果明显比原图好了不少，再适当调整中间的灰色滑块，最终的效果如图 2-75 所示。

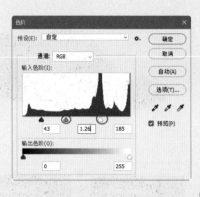

图2-75

05　单击【确定】按钮完成调整。在菜单栏中执行【图像】|【调整】|【阴影/高光】命令，打开【阴影
　　/高光】对话框，通过调整相应参数。改善图像的高光效果，如图2-76所示。

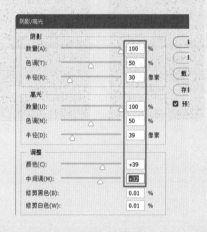

图2-76

技术要点： 其实这个精修图效果就很不错了，直接将产品图像抠出来，配上新的背景或者做一个倒影，
即可完成修图工作。

06　完成后单击【确定】按钮，并保存图像文件。

2.4　产品图中的阴影和倒影

　　在电商页面的产品展示中，倒影和阴影是表达产品三维立体感的绝佳手段。产品的倒影和阴影效果
也是用颜色来表达的。

2.4.1　制作产品的阴影

　　阴影就是光照射物品后的投影效果。由于受到不同光照情况的影响，有软阴影和硬阴影之分，
如图2-77所示。

软阴影

硬阴影

图2-77

图2-78

图2-79

在 Photoshop 中制作产品的阴影方法有很多种，但是制作效果几乎不怎么理想，也就是制作出来的阴影不真实。在这里为大家介绍一款全中文汉化版的阴影制作插件——Shadowify。

Shadowify 是一款免费的阴影制作插件，安装方法是将本例源文件夹中的 Shadowify 文件夹复制并粘贴到 C:\Program Files (x86)\Common Files\Adobe\CEP\extensions 文件夹中。重启 Photoshop 2022 后，可以在菜单栏中展开【窗口】|【扩展】子菜单，找到安装的 Shadowify 插件。

下面就以一个皮鞋产品的阴影制作来讲解 Shadowify 阴影插件的基本用法。

动手操作——制作皮鞋产品的阴影

01　打开本例素材图片文件"皮鞋.tif"，如图 2-78 所示。

02　在菜单栏中执行【窗口】|【扩展】|Shadowify 命令，打开 Shadowify 操作面板。在 Shadowify 操作面板的【阴影】选项卡中设置阴影的相关参数，如图 2-79 所示。

技术要点： Shadowify 操作面板中的选项含义如下。

※　【阴影】选项卡：用于创建对象的阴影。

※　【模糊】选项卡：当创建了阴影后，会自动生成一个阴影图层，可以对阴影图层进行模糊处理，使阴影效果更加逼真。

※　保存：单击此按钮，将阴影设置保存，下次可以直接载入这个设置直接创建阴影，以提高工作效率。

※　角度：用于设置光线的投影角度，比如中午的阳光照射，就设置成 -90deg。

※　距离：指光线投射后产生阴影的长度。

※　步幅：指阴影的数量，如果光源数量多，那么步幅数值就调大。

※　步幅缩放：指阴影的缩放倍数。即当阴影数量（步幅）多时，后一个阴影与前一个阴影的缩放倍数。

※ 模糊：用于设置阴影的模糊程度，较大的模糊值使阴影更加真实。

03 单击【创建阴影】按钮，完成阴影的创建，如图2-80所示。

图2-80

04 切换到【模糊】选项卡，在【图层】面板中取消皮鞋图形的图层显示，仅显示阴影图层，如图2-81所示。

图2-81

05 利用【矩形选框工具】绘制要模糊的区域，如图2-82所示。

图2-82

06 在【模糊】选项卡中设置模糊参数，再单击【应用模糊】按钮，完成阴影的模糊处理，最终效果如图2-83所示，最后保存文档。

图2-83

2.4.2 制作产品的倒影

电商产品除制作阴影效果能够增强三维立体效果外，有些产品还要创建倒影效果，也就是产品在镜面上的反射效果。

在Photoshop中，物体的倒影就是本体的镜像复制，下面介绍制作倒影的操作步骤。

动手操作——制作产品的倒影

01 打开本例素材文件"餐具.tif"，如图2-84所示。

图2-84

02 在【图层】面板中选中【图层1】，按快捷键Ctrl+C和Ctrl+V进行复制，如图2-85所示。

图2-85

03　选中复制的【图层1.拷贝】，在菜单栏中执行【编辑】|【变换】|【垂直翻转】命令，将图层中的图像翻转，然后拖动图像到合适的位置，如图2-86所示。

图2-86

04　在【图层】面板中将【图层1.拷贝】图层拖到【图层1】的下方，如图2-87所示。

图2-87

05　在工具箱中单击【渐变工具】　，并在工具属性栏中选择渐变选项，如图2-88所示。

图2-88

06　设置后在图形区中从下向上绘制直线，使图像形成渐变效果，如图2-89所示。

图2-89

07　在工具箱中单击【涂抹工具】　，并在工具属性栏中设置画笔大小（275）和强度（50%）后，在图形区中向下涂抹图像，效果如图2-90所示。

图2-90

08　保存图像文件。

2.5　制作产品材质

　　电商产品的种类很多，那么材质表现方式也会不同，比如常见的皮革材质、金属材质、塑料材质、布料材质等，表现手法均不相同。但在 Photoshop 中制作材质的方法却基本相同。下面仅介绍塑料材质和金属材质的制作方法，其他材质参照这个操作流程即可。

2.5.1 塑料材质的制作方法

塑料材质属于亚光且不透明的材质,光线的反射比较模糊,其模糊程度与材质粗糙度有关,粗糙度越大反光越弱,反之则越强。有些塑料材质还有磨砂效果,有的材质是透明、半透明或不透明的。

动手操作——制作塑料材质

下面以一个化妆品为例,介绍该商品的瓶盖塑料材质的制作过程。原图与重新制作材质后的效果图对比如图 2-91 所示。瓶盖分 3 层,每一层的反射光、漫射光和灯光照射效果都不一样,所以要分开建立。

图2-91

01 打开本例素材源文件"化妆品.jpg"图像,如图 2-92 所示。

图2-92

02 按住 Alt 键并滚动鼠标滚轮以放大视图。利用工具箱中的【钢笔工具】(在工具属性栏选择【形状】选项)绘制封闭路径,系统自动创建一个【形状 1】图层来放置形状,如图 2-93 所示。

技术要点:要移动钢笔描点,需要取消选中【自动添加/删除】复选框,然后按住 Ctrl 键单击描点,即可拖动描点来改变形状。

图2-93

03 在工具属性栏中单击【填充】色块,修改填充颜色为黑色,如图 2-94 所示。

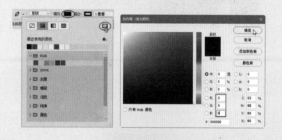

图2-94

04 在【图层】面板中单击【创建新图层】按钮 ⊞,或者按快捷键 Ctrl+Shift+N,新建一个图层。单击【油漆桶工具】按钮 ◇,为新图层填充白色,最后将新图层拖到底层,如图 2-95 所示。

图2-95

05 拖动【形状 1】图层到下方的【创建新组】按

钮▢中，创建一个图层组，使【形状】图层成为该图层组的子集。

06 按住Ctrl键并选中【形状1】图层缩览图，创建选区。选中【组1】，并在【图层】面板下方单击【矢量蒙版】按钮▢，添加蒙版，如图2-96所示。

图2-96

07 单击【创建新图层】按钮⊞，在图层组1中新建一个【图层2】，利用【矩形选框工具】绘制一个选区（可以将之前的【形状1】图层透明显示），用于创建高光部分，如图2-97所示。

图2-97

08 在工具箱中单击【油漆桶工具】⚊，将选区填充白色，再按快捷键Ctrl+D取消选区，如图2-98所示。

图2-98

09 在菜单栏中执行【滤镜】|【模糊】|【高斯模糊】命令，添加模糊效果，如图2-99所示。

图2-99

10 瓶盖两侧也有局部高光，按以上方法分别创建两个图层（也可以创建一个图层，创建高斯模糊后再复制该图层，稍微移动一下图层即可），分别在两侧绘制矩形选区后填充白色，然后进行高斯模糊处理，效果如图2-100所示。

图2-100

11 以上建立的3种高光实际上是环境光源的反射和漫射表现，接下来制作灯光照射下的强光反射。在组1中新建【图层4】，然后绘制矩形选区。按住Ctrl+Alt键选择组1中的蒙版，得到新选区，如图2-101所示。

图2-101

图2-101（续）

12 为新选区填充白色，然后按快捷键Ctrl+D取消选区。将【图层4】（可以适当降低透明度）向右拖动到合适位置，如图2-102所示。

图2-102

技术要点：如果拖动过程中有其他图层被拖动，如图层1和图层0，可将这两个图层选中后按快捷键Ctrl+/锁定，或者在菜单栏中执行【图层】|【锁定图层】命令。

13 按住Ctrl键并选中组1中的蒙版，建立组的选区，然后选中图层4并单击【添加图层蒙版】按钮，添加图层蒙版。在图形区中向右拖动图层蒙版到合适位置，如图2-103所示。

图2-103

14 在【图层】面板中右击图层4，在弹出的快捷菜单中选择【转换为智能对象】命令，然后为图层4添加蒙版。利用工具箱中的【画笔工具】，设置前景色为黑色，再用笔刷从上向下刷出高光部分的渐变色，如图2-104所示。

图2-104

15 按此方法，在左右两侧再制作出灯光反射高光效果，如图2-105所示。

图2-105

16 瓶盖第二层和第三层的材质制作方法与第一层完全相同，这里不再一一介绍。

2.5.2 金属材质的制作方法

金属材质的制作原理与塑料材质基本相同，只是有更多的表现方式，比如拉丝金属、镜面金属、拉毛金属等。不同的金属其高光表现和纹理也是不同的，下面介绍易拉罐材质的制作方法。

动手操作——制作铝合金金属材质

01 在菜单栏中执行【文件】|【新建】命令，弹出【新建文档】对话框。设置尺寸为600像素×800像素、分辨率为300像素/英寸，单击【确定】按钮，创建新文档。

02 从本例源文件夹中打开"易拉罐.jpg"文件。在【图层】面板中新建图层1，然后在工具箱中选择【钢笔工具】  ，绘制如图2-106所示的路径。

图2-106

03 按快捷键Ctrl+Enter将路径转换为选区，选择【渐变工具】 ，在工具属性栏中单击【点按可编辑渐变】按钮 ，弹出【渐变编辑器】对话框，设置渐变颜色如图2-107所示，单击【确定】按钮关闭对话框。

图2-107

04 在工具属性栏中单击【线性渐变】按钮 ，按住Shift键，在选区中从左至右画出直线，完成渐变填充，填充效果如图2-108所示。

图2-108

05 保留选区。在【图层】面板中新建图层2，在菜单栏中执行【编辑】|【描边】命令，弹出【描边】对话框，设置描边宽度和颜色，描边效果如图2-109所示。

图2-109

06 在【图层】面板中新建图层3，在工具箱中选择【画笔工具】 ，适当调整画笔大小，画笔的前景色设置如图2-110所示。

图2-110

Photoshop 2022淘宝天猫电商产品图精修从新手到高手

07　按住 Ctrl 键单击图层 1 的缩览图，调出瓶身选区，使用画笔绘制易拉罐顶部边缘的效果，如图 2-111 所示。

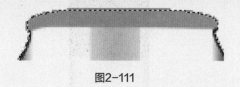

图2-111

08　按↓键向下微调选区位置，再利用工具箱中的【橡皮擦工具】 ，将下边缘涂抹出平滑的效果，如图 2-112 所示。

图2-112

09　新建图层 4，选中工具箱中的【画笔工具】 ，适当调整画笔大小，设置画笔颜色，如图 2-113 所示。

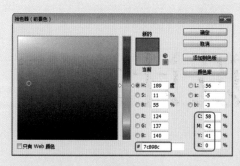

图2-113

10　按住 Ctrl 键单击图层 1 的缩览图，调出瓶身选区，结合画笔和选区，绘制易拉罐底部边缘的效果，如图 2-114 所示。

图2-114

11　新建图层 5，选择【画笔工具】 ，适当调整画笔属性，将画笔颜色设置为 555e60，如图 2-115 所示。

图2-115

12　按住 Ctrl 键单击图层 1 的缩览图，再调出瓶身选区，结合画笔和选区，绘制易拉罐底部与瓶身衔接部分的材质效果，如图 2-116 所示。

图2-116

13　新建图层 6，保留瓶身选区，在工具箱中选择【矩形选框工具】 ，在工具属性栏中单击【从选区减去】按钮 ，绘制矩形减去选区，得到如图 2-117 所示的选区效果。

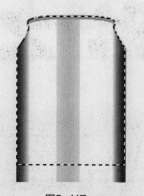

图2-117

14　在工具箱中单击【渐变填充】按钮 ，在工具属性栏单击【线性渐变】按钮 ，再单击【点按可编辑渐变】按钮 ，在弹出的【渐变编辑器】对话框中设置渐变颜色，如图 2-118 所示。填充选区，效果如图 2-119 所示。

图2-118

图2-119

2.5.3 使用 Eye Candy 材质插件

　　Eye Candy 插件是一款经典的 Photoshop 滤镜插件，通过 Eye Candy 插件可以很轻松地为图像添加想要的材质和一些自然现象图像效果，比如水滴、火焰、闪电、木材质、金属材质、玻璃材质、塑料材质等。

技术要点： Eye Candy 插件目前最高版本为 Eye.Candy.7.2.3.75。

　　图 2-120 所示为利用 Eye Candy 插件对文字应用滤镜效果。详细的使用教程将在后续章节中介绍。

图2-120

第3章
数码电子产品修图技法

从本章起，我们将电商产品的修图技巧与合成方法进行分类介绍。本章主要介绍电商平台中的数码电子产品的修图过程，数码电子产品包括常见的台式计算机、笔记本电脑、数码平板电脑、智能手机、数码相机等。

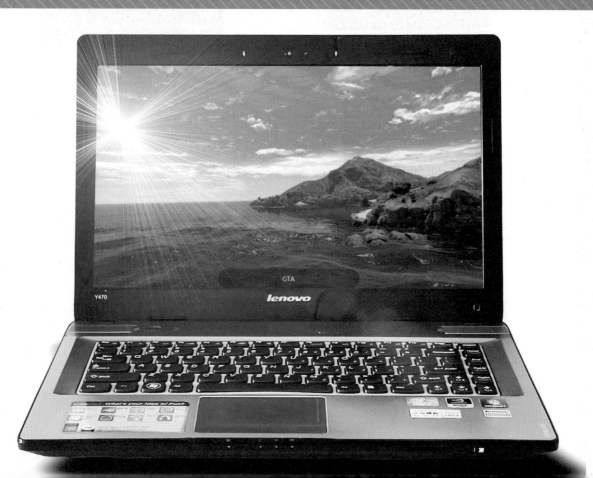

3.1 笔记本电脑产品修图实例

本例操作的产品是一款某品牌的 Y470 笔记本电脑，虽然产品型号比较老旧，但是作为曾经轰动全国的经典产品，至今在各大网商平台中仍有惊人的销量，所以将此产品的电商修图技法进行讲解仍具有实际意义。

3.1.1 修图思路解析

电子产品在网店首页展示时，主要体现出产品的功能性与外形美观性，笔记本电脑中的每一个按钮及组成模块都要高清晰展示，能够使买家眼前一亮，立即产生购买欲望。在如图 3-1 所示的产品图中，上图为摄影师拍摄的实物产品，下图为实物图精修后的产品效果图。

实物原图

修图效果

图3-1

1. 分析原图

从图 3-1 的上图中可以看出，摄影师用手机拍摄的实物图，产品边框与屏幕因光线暗的原因分不清界限，比较模糊，如图 3-2 所示。其次，边框上的摄像头、隔离带等组件非常模糊，缺少

高光表现，如图 3-3 所示。屏幕部分较脏且没有光感，体现不出塑料材质的基本属性。

图3-2

图3-3

在笔记本电脑主体部分，金属面板的拉丝金属材质光感不强，体现不出产品的尊贵气质。键盘中的塑料按键由于没有反光，体现不出塑料材质的哑光质感和立体感。

2. 修图思路

针对以上提出的原图缺陷，逐一进行图像修复。主要是通过高光的表现依次体现产品的质感、立体感和豪华感。本例中，将采用 Photoshop 的扩展插件与滤镜插件综合为产品修图。

3.Photoshop 插件合集

Photoshop 插件合集中包含有人物修图、抠图、光效、亮度、天空、灯光等特效插件，可以帮助设计师快速、高效地完成产品修图，无须重新绘图，也不需要进行蒙版高光操作来表现材质。Photoshop 插件合集安装成功后，其插件主要集

中在菜单栏中的【窗口】|【扩展（旧版）】子菜
单和【滤镜】菜单中，如图3-4所示。

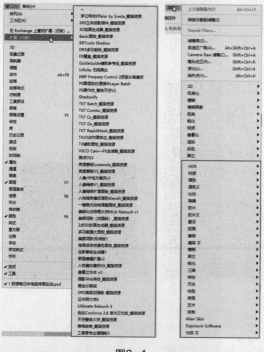

图3-4

> **技术要点：** 本例文件夹中提供了 Photoshop 插件合集的下载与安装方法视频。

3.1.2 产品修图流程

　　基于强大的 Photoshop 插件合集和 Photoshop 自带的图像处理功能，联想笔记本电脑产品的修图过程无须重新绘制图像，即可进行整体修复。

1. 提高亮度增强材质光感

　　原图中，屏幕部分较脏，可以先移除杂点，再提升整体亮度。

01 启动 Photoshop 2022，在菜单栏中执行【文件】|【打开】命令，将本例源文件夹中的"笔记本电脑.jpg"文件打开。

02 在【图层】面板中解锁图层 0，如图 3-5 所示。

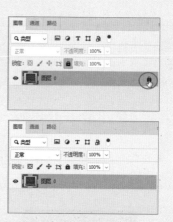

图3-5

03 在菜单栏中执行【图像】|【画布大小】命令，设置画布尺寸，设置完成的画布效果如图 3-6 所示。

图3-6

04 利用【套索工具】 ，在工具属性栏中单击【选择并遮住】按钮，进入选区细化模式。再单击工具属性栏中出现的【选择主体】按钮，系统自动识别图像并选中电脑图像，单击【属性】面板中的【确定】按钮，完成选区的建立和细化操作，如图3-7所示。

图3-7

05 新建图层1，复制建立的选区到图层1中，关闭图层0的显示，结果如图3-8所示。

图3-8

06 选中工具箱中的【油漆桶工具】 ，设置前景色为白色，填充图层1的背景，效果如图3-9所示。

图3-9

07 在菜单栏中执行【窗口】|【扩展（旧版）】|

【色调和亮度精确调节】命令，打开【色调和亮度精确调节】面板，在【选择您的自动预设】下拉列表中选择【4）对比度】选项，系统自动为图像进行处理，效果如图3-10所示，调节后可以看到图像的清晰度提升了不少。

图3-10

08 但图像的整体亮度还不够，需要继续调整。在菜单栏中执行【图像】|【曲线】命令，在弹出的【曲线】对话框中调整亮度曲线，如图3-11所示。

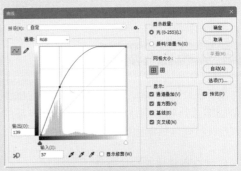

图3-11

09 在菜单栏中执行【图像】|【调整】|【阴影/高光】命令,设置阴影和高光,如图3-12所示。

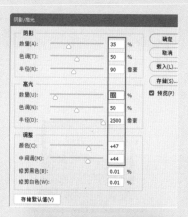

图3-12

10 在菜单栏中执行【滤镜】|【降噪】|【图像降噪】命令,在弹出的对话框中设置降噪参数,单击OK按钮系统自动完成降噪处理,如图3-13所示。

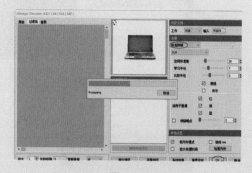

图3-13

11 在菜单栏中执行【滤镜】|【降噪】|【噪点清洁】命令,在弹出的Noiseware对话框中设置噪点参数,单击OK按钮系统自动完成降噪处理,如图3-14所示。这样的操作可以使图像更干净。

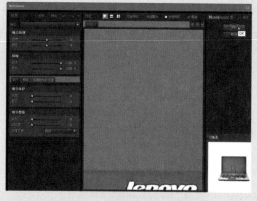

图3-14

2. 添加屏幕图像和特殊光效

01 从本例源文件夹中打开"桌面.JPG"文件,该图片会在Photoshop中以独立窗口显示。利用工具箱中的【移动工具】，拖动桌面图像到之前的笔记本电脑修图文件窗口中,并放置在屏幕中,如图3-15所示。随后系统自动生成图层2用来存放该图像。

图3-15

02 在菜单栏中执行【编辑】|【自由变换】命令,调整桌面图片的大小,如图3-16所示。

图3-16

03 在【图层】面板中按Ctrl键选中图层1、图层2和图层Auto_contrast,右击,并在弹出的快捷菜单中选中【合并图层】命令进行合并,如图3-17所示。

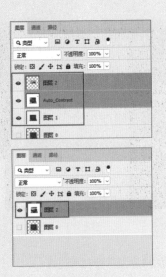

图3-17

图3-19

04 在菜单栏中执行【滤镜】|【光效Ⅱ】|【灯光工厂】命令，在弹出的对话框中选择【趣猫_冷太阳耀斑】灯光预设，单击 OK 按钮完成光效的添加，如图 3-18 所示。

06 关闭图层2的显示。在菜单栏中执行【滤镜】|Alien Skin|Eye Candy 7 命令，在弹出的 Alien Skin Eye Candy 7 对话框中选择【阴影】效果，单击【确定】按钮完成阴影的创建。显示图层2，可见最终的阴影效果，如图 3-20 所示。

图3-18

05 利用【套索工具】建立笔记本电脑的选区，并新建图层3，将选区复制到新图层中。在菜单栏中执行【滤镜】|【转换为智能滤镜】命令，将图层 3 转换为智能滤镜图层，以便于添加阴影效果，如图 3-19 所示。

图3-20

至此，完成了联想笔记本电脑的产品修图操作。

3.2 智能手机产品修图实例

本例修图产品为某智能手机,通过三维软件建模,并利用 Keyshot 软件进行渲染,将渲染效果图导入 Photoshop 中进行产品图精修。

3.2.1 修图思路解析

最终的产品精修效果图将参照淘宝网店中的手机宣传展示效果图进行演示。手机产品图精修效果图如图 3-21 所示。原图为 Keyshot 软件输出的渲染效果图,如图 3-22 所示。

图3-21

图3-22

1. 分析原图

一般来讲,如果 Keyshot 渲染软件制作的效

果图效果非常好,效果图就是最终的产品展示图,无须再通过 Photoshop 进行精修。但是对产品宣传展示图要求极高时,模型渲染图还是不能达到展示要求,原因主要有:渲染效果图主要是渲染材质和灯光,但是在 Keyshot 中如果灯光设置得非常强时,就会造成图像过曝光,或者灯光设置偏弱时产品材质的漫射光、反射光、场景光等都无法清晰地体现,因此有些渲染效果图必须用 Photoshop 进行最终的调整。

现在越来越多的设计师采用"先建模→再渲染→最后 Photoshop 修图"这样的流程,如果单纯靠 Photoshop 绘图和修图来完成作品,会耗费相当长的时间。

2. 修图思路

从图 3-22 中的左图(Keyshot 模型渲染效果图)可见,屏幕灯光亮度不足,屏幕两侧边缘的玻璃材质折射光表现得也不够明显,可以通过建立蒙版绘制高光来弥补不足之处。效果图背面的高光和暗光也略显不足,同样需要增强,使用的修图工具包括 Photoshop 图形绘制工具和 PS 插件合集的修复工具。修图没有固定的模式,只是根据原图的缺陷来选择合适的修图方法,毕竟产品原图的来源方式也是各不相同的,有些来自于摄像师的拍摄作品,有些是来自于产品造型设计师的渲染作品,也有用 Photoshop 或其他平面软件制作的产品效果图等。

3.2.2 产品修图流程

本例修图过程包括手机正面图修复和背面图修复。

1. 手机正面修图

01 启动 Photoshop 2022,打开本例源文件夹中的 "Keyshot 渲染图_正面.jpg" 文件。

02 将【图层】面板中的【背景】图层解锁（单击图层名右侧的解锁图标🔓）。

03 在菜单栏中执行【图像】|【调整】|【亮度/对比度】命令，调整整个图像的亮度（提升到30）。

04 利用工具箱中的【钢笔工具】✏️，在工具属性栏中设置工具模式为【形状】，填充颜色为白色，并重新绘制原图中左边缘的高光区域，如图3-23所示。

05 在绘制的钢笔形状区域外右击，并在弹出的快捷菜单中选择【建立选区】命令（或者按快捷 Ctrl+Enter），将形状区域转为选区，如图3-24所示。随后系统会自动建立【形状1】新图层。

图3-23　　　　　图3-24

06 在【图层】面板中设置【形状1】图层的不透明度值为60%，并在【属性】面板中设置【羽化】值，如图3-25所示。

07 经过上述操作后，可以看到左侧的高光表现已经得到大幅提升，如图3-26所示。

08 在【图层】面板中右击"形状1"图层，在弹出的快捷菜单中选择【复制图层】命令，复制【形状1】图层，得到名为【形状1拷贝】的新图层。

图3-25

09 在菜单栏中执行【编辑】|【变换路径】|【水平翻转】命令，将【形状1拷贝】图层中的形状翻转，再使用【移动工具】➕，将翻转的形状移至右侧边缘的高光位置，如图3-27所示。

图3-26　　　　　图3-27

10 选中【钢笔工具】以显示【形状1拷贝】图层中的钢笔形状，执行菜单栏中的【编辑】|【变换路径】|【缩放】命令，再在工具属性栏中单击【保持长宽比】按钮 ∞（默认情况下此按钮处于激活状态，单击此按钮即为取消激活状态），然后在图形区中拖动钢笔路径使其变宽，

Photoshop 2022淘宝天猫电商产品图精修从新手到高手

如图 3-28 所示。

11 将【形状 1 拷贝】图层的不透明度值改为 70%，最终的手机正面修图效果如图 3-29 所示。

图3-28　　　　　图3-29

12 将【图层】面板中的 3 个图层合并为一个图层。

2. 手机背面修图

01 从本例源文件夹中打开 "Keyshot 渲染图 _ 背面 .jpg" 文件，此时会在 Photoshop 中以独立窗口显示图像，并自动建立【背景】图层。

02 解锁【背景】图层。首先在工具箱中选中【污点修复画笔工具】，调整工具属性后将"小屏"上的时间擦除，因为小屏时间与手机正面的大屏时间不符，如图 3-30 所示。

图3-30

03 在工具箱中选择【横排文字工具】**T**，在小屏位置输入字体为黑体，字体大小为 36 点，行距为 72 点，字距为 −75 的时间数字 "13:00"，如图 3-31 所示。

图3-31

04 在工具箱中选中【钢笔工具】，并在工具属性栏中设置【钢笔工具】的属性，设置属性后在图形区中绘制阴影形状，如图 3-32 所示。

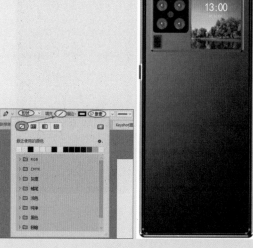

图3-32

05 在【属性】面板中设置【羽化】值，在【图层】面板中设置【不透明度】值，如图 3-33 所示。

06 利用【横排文字工具】**T**，在手机背面的下部输入 HUAWEI 文字，设置字体为"方正姚体"，大小为 24 点，字距为 160，文字图层的【不透明度】为 25% 值，效果如图 3-34 所示。

图3-33

图3-35

图3-34

图3-36

07 激活【图层0】,在菜单栏中执行【图像】|【调整】|【亮度/对比度】命令,弹出【亮度/对比度】对话框。设置【亮度】值为30,单击【确定】按钮完成亮度调整,效果如图3-35所示。

08 将【图层】面板中的多个图层合并为一个图层。利用【矩形选框工具】绘制矩形选区,然后按快捷键Ctrl+C复制选区中的图像,如图3-36所示。

09 切换到手机正面的文件中,将复制的图像粘贴其中,并调整手机正面图像和背面图像的位置,如图3-37所示。

图3-37

10 也可以按照淘宝网店中的手机宣传页进行布
置，将手机正面图像（抠图后）复制粘贴到手
机背面的文档窗口中，最终的产品图精修效果
如图 3-38 所示。

图3-38

3.3 电子手环产品修图实例

本例修图产品为某电子手环，详解精修步骤。需要修复的原图是通过 Keyshot 软件渲染的效果图。

3.3.1 修图思路解析

从如图 3-39 所示的渲染效果图可以看出，整个产品的材质高光表现较差，表带无高光反射、漫反射，无层次感，整体较灰暗；表盘区域的曝光度和对比度不够，无镜面反射，体现不出产品的高级感，需要进行修复。如图 3-40 所示为精修效果图。

图3-39

图3-40

3.3.2　产品修图流程

　　手环产品的效果图修复就是质感的修复，具体的步骤如下。

01　从本例源文件夹中打开"手环.jpg"文件，并在【图层】面板中解锁【背景】图层。

02　在菜单栏中执行【图像】|【调整】|【亮度/对比度】命令，弹出【亮度/对比度】对话框，设置【亮度】和【对比度】值，调整后的效果如图3-41所示。

图3-41

03　表盘的高光和屏幕的高光已基本调整好，但表带的质感需要进一步调整。利用【钢笔工具】在图形区绘制形状，并设置工具属性栏中的填充属性，如图3-42所示。

图3-42

04　将描边设置为白色，如图3-43所示。在【属性】面板和【图层】面板中设置参数，如图3-44所示。

图3-43

图3-44

05　设置画布大小为1600像素×1600像素，如图3-45所示。

图3-45

06 选中【图层0】，再使用【油漆桶工具】填充图像背景。在【图层】面板中将两个图层合并，合并后复制图层，如图3-46所示。

图3-46

07 选中工具箱中的【对象选择工具】，创建手环主体选区，按快捷键Ctrl+C复制选区中的图像，并将复制的图像粘贴到新图层中，如图3-47所示。

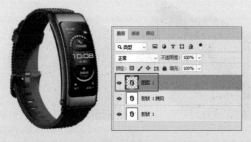

图3-47

08 在菜单栏中执行【滤镜】|【转换为智能滤镜】命令，将新建的【图层1】转换为智能滤镜图层，以便创建手环主体的阴影。隐藏"形状1拷贝"图层和"形状1"图层。

09 在菜单栏中执行【滤镜】|Alien Skin|Eye Candy 7命令，在弹出的Alien Skin Eye Candy 7对话框中选择【阴影】效果并调整参数，单击【确定】按钮完成阴影效果的创建，如图3-48所示。

图3-48

10 显示【形状1拷贝】图层，可见最终的阴影效果，如图3-49所示。

图3-49

3.4　HDMI 显示接收器产品修图实例

本例修图产品为某HDMI显示接收器产品，该HDMI显示接收器是某公司的旗舰产品，主要在亚马逊平台销售。

3.4.1　修图思路解析

图 3-50 所示为 HDMI 显示接收器产品的原图（由家用相机拍摄）。从原图看，无论是产品的层次感还是材质高光反射都无法达到电商平台展示的要求。图像看起来很脏，杂点也比较多，明暗程度也不一致，给人的整体感觉就是产品质量很差，也很旧。

图3-50

针对以上缺陷，需要重新在 Photoshop 中绘图，增强产品的金属质感和塑料质感，提升产品的档次，使产品看起来新颖、质量好，如图 3-51 所示为产品的精修图。

图3-51

3.4.2　产品修图流程

本例将接合 Photoshop 的绘图功能和 PS 插件进行修图。修图的内容包括显示接收器主体、数据线、塑料保护套和数据接口等几部分。按照各部件遮挡的先后顺序，应按"数据接口→塑料保护套→数据线→显示接收器主体"的顺序依次修复。

1. 数据接口的修复

01　打开本例原图文件"HDMI 显示接收器 .jpg"。打开的图像有些倾斜，需要旋转图片。在菜单栏中执行【编辑】|【自由变换】|【旋转】命令，旋转图片，如图 3-52 所示。

图3-52

> **技术要点**：旋转时，可以执行菜单栏中的【视图】|【标尺】命令，在视图窗口边缘显示标尺，然后在上方和左侧分别拖出一条参考线，并拖到产品中，以此作为水平和竖直参照来旋转图片。不需要标尺线时，将参考线拖回标尺中即可。

02　利用【钢笔工具】 ⌀，绘制数据接口的形状，并将自动创建的【形状 1】图层的不透明度值设为 50%，便于参照原图来添加材质高光效果，如图 3-53 所示。

图3-53

03　修改形状的填充色，如图 3-54 所示，接下来制作数据接口的高光效果。

04　在【图层】面板中拖动【形状 1】图层到面板底部的【创建新组】按钮上，自动创建图层组【组 1】，且自动将【形状 1】图层变为图层组 1 的子图层。按 Ctrl 键选取【形状 1】图层显示选区，然后激活图层组 1，单击【添加蒙版】按钮 ▣

建立蒙版，如图 3-55 所示。

图3-54

图3-55

05 利用【钢笔工具】 ✎ 绘制直线，设置填充色为白色，描边宽度为 2 点，【羽化】值为 0.5 像素，【不透明度】值为 80%，效果如图 3-56 所示。

图3-56

06 数据接口上的其他高光无须重建，只需选中上一步绘制的直线并按住 Alt 键拖动进行复制（复制 6 个副本）即可，如图 3-57 所示。

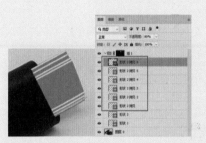

图3-57

07 依次对复制的直线进行修改，包括形状描边宽度（在工具属性栏）和不透明度（在【图层】面板）。修改前需要选中【钢笔工具】，且要选中修改直线的图层，修改结果如图 3-58 所示。

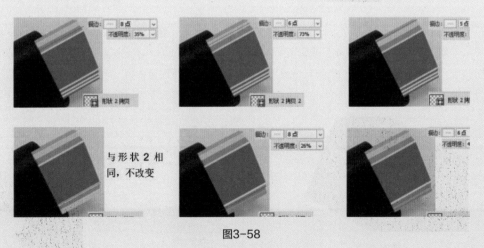

图3-58

08 新建一个图层，利用工具箱中的【矩形工具】绘制 W 为 13、H 为 13、圆角为 1 像素的矩形，在工具属性栏中设置矩形的填充色为黑色，描边色为渐变，描边宽度为 1.5 点，并且利用旋转工具将矩形旋转，如图 3-59 所示。

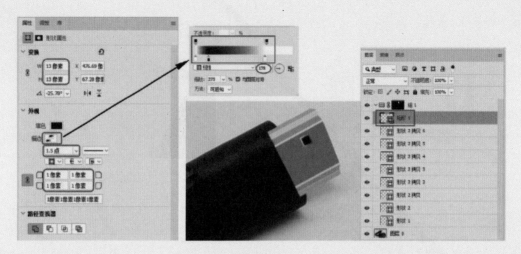

图3-59

09 复制矩形所在的图层,并移动矩形,结果如图3-60所示。

图3-60

10 再次新建图层,并将【形状1】图层设置为透明状态。利用【钢笔工具】  绘制如图3-61所示的形状。

图3-61

> **技术要点:** 这个形状有两处凸起,没有必要逐一绘制,仅绘制一个,另一个凸起复制出来即可。

11 设置钢笔工具的【填充】和【描边】属性,将【不透明度】值设为70%,效果如图3-62所示。

图3-62

12 将两个形状图层一起复制,在图形区稍微移动钢笔形状,并更改描边颜色为白色,【不透明度】值设为70%,再将复制的两个图层放置于参考图层下方,效果如图3-63所示。

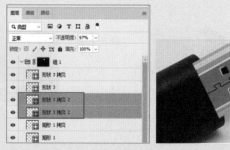

图3-63

至此,数据接头部分的图像绘制完成。

2. 修复塑料保护套

塑料保护套由两层构成，所以需要分成两组进行操作，具体的操作步骤如下。

01 在【图层】面板中建立组2，再在组2中新建图层。

02 利用【椭圆工具】◯参考原图绘制椭圆形，并对其进行旋转，如图3-64所示。

图3-64

03 按住Alt键拖动椭圆形进行复制，参考原图并将其移动到数据接口处，如图3-65所示。

图3-65

04 新建图层，参考原图在该图层中绘制钢笔形状（绘制平行四边形），端点的位置需要参考两个椭圆的定点，如图3-66所示。

图3-66

05 选中组2中的3个图层，右击并在弹出的快捷菜单中选择【栅格化图层】命令，系统自动为3个图层填充黑色，如图3-67所示。

图3-67

06 图层复制【椭圆1】，并将上面3个图层合并，如图3-68所示。

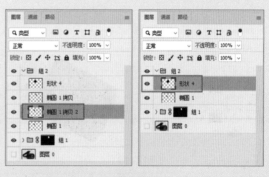

图3-68

07 按住Ctrl键单击合并的图层缩览图，载入选区，如图3-69所示。

图3-69

08 载入选区后，选中组2，并单击【图层】面板底部的【添加矢量蒙版】按钮 ◻，为组2添加蒙版，如图3-70所示。

09 在【图层】面板中复制【形状 4】图层，按住 Ctrl 键单击复制的图层，载入选区。利用【油漆桶工具】填充选区为白色，将【不透明度】值设为 75%，如图 3-71 所示。

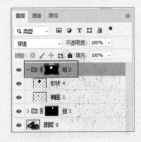 

图3-70　　　　　图3-71

10 将白色选区所在的图层放置在"组 2"下方，并稍微缩放和移动选区，使其变成塑料保护套前面的边缘高光，如图 3-72 所示。

图3-72

11 在组 2 中将【椭圆 1】图层放置在【形状 4】图层上方，并进行复制，得到【椭圆 1 拷贝】

图层。按住 Ctrl 键单击【椭圆 1】图层，载入选区。利用【油漆桶工具】填充选区为白色，将【不透明度】值设为 50%，将选区向右稍稍移动，使其为塑料保护套尾部的高光效果，如图 3-73 所示。

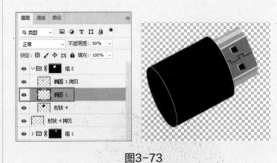

图3-73

12 按住 Ctrl 键单击"椭圆 1 拷贝"图层，载入选区，利用【渐变工具】，从左至右拉出端面的高光，如图 3-74 所示。

图3-74

13 在【形状 4】图层的上方建立新图层，利用【钢笔工具】绘制直线，设置直线的描边颜色（白色）、描边宽度、羽化和不透明度，效果如图 3-75 所示。

图3-75

14 在【图层】面板中复制上一步建立的【形状5】图层，并移动直线到合适位置，如图3-76所示。

图3-76

15 在【图层】面板中复制组2，如图3-77所示。

图3-77

16 将【组2拷贝】新图层中的对象平移并进行整体缩放（缩放前需要按住 Alt+Shift 键再拖动缩放边框），结果如图3-78所示。

图3-78

17 此时长度不合适，需要利用【旋转】命令旋转对象到水平状态，按 Enter 键确认后，再从菜单栏中执行【编辑】|【自由变换】命令，再缩短对象，如图3-79所示。

图3-79

18 缩短后旋转回原始方向，与原图进行对比，如此反复操作，直至与原图保存一致即可，最终结果如图3-80所示。至此，完成了塑料保护套的绘制。

图3-80

3. 修复数据线

01 在【图层】面板中新建组3，将之前绘制的塑料保护套部分图像全部移至该组中。接着创建新的组4，这个组用于放置数据线的图像，并将建立的组重命名。在数据线组（原组4）中新建【图层1】，如图3-81所示。

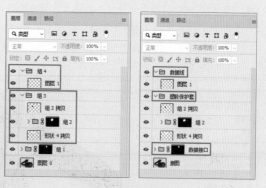

图3-81

02 利用【钢笔工具】 参考原图中的数据线来绘制封闭外形，并填充为黑色，如图3-82所示。

图3-82

技术要点：要编辑【钢笔工具】绘制的曲线描点，需要按住 Alt 键再选中图层缩览图，然后按住 Ctrl 键单击描点，即可进行编辑操作。

03 按住 Ctrl 键单击【形状 6】图层（原本是图层 1，绘制形状后层名自动更改为"形状 6"），载入选区。选中【数据线】组，单击【图层】面板底部的【添加图层蒙版】按钮 □ 添加蒙版，如图 3-83 所示。

图3-83

04 复制【形状 6】图层，得到【形状 6 拷贝】图层。选中【钢笔工具】 ✍，按 Alt 键选中【形状 6 拷贝】图层并显示描点，按住 Ctrl 键移动描点从而改变形状，如图 3-84 所示。

图3-84

05 再次复制【形状 6】图层，得到【形状 6 拷贝 2】图层。将【形状 6 拷贝 2】图层放置在【数据线】组的下方，如图 3-85 所示。

图3-85

06 选中【形状 6】图层将其栅格化（右击该图层，在弹出的快捷菜单中选择【栅格化图层】命令），选中工具箱中的【画笔工具】 ✍，调整画笔大小、不透明度和前景色，并在图形区涂抹，效果如图 3-86 所示。

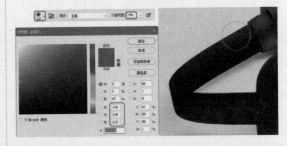

图3-86

07 同理，将【形状 6 拷贝】图层栅格化，按住 Ctrl 键选中【形状 6 拷贝】图层载入选区，并进行涂抹，涂抹出数据线顶部的高光，如图 3-87 所示。

图3-87

图3-87（续）

图3-88（续）

图3-89

至此，完成了数据线部分的图像修复。

4. 修复显示接收器主体

08 将【形状6拷贝2】图层的对象稍微向上移动，使其成为数据线的边缘。

09 在【数据线】组中新建图层1，然后利用【钢笔工具】绘制如图3-88所示的形状曲线，并设置描边颜色为白色，描边宽度为1.62、【羽化】值为0.5像素，【不透明度】值为35%，绘制形状后，图层1变为【形状7】图层。再将【形状7】图层放置到【形状6拷贝】图层下方，最终效果如图3-88所示。

01 在【图层】面板中新建组，并重命名为"主体"，接着在该组中新建图层1。

02 利用工具箱中的【矩形工具】▢，绘制HDMI显示接收器的主体图形，如图3-90所示。此时，图层1变为【矩形2】图层。

10 采用同样的操作，再绘制一条形状曲线，形状的属性设置和上一步相同，只是将图层的【不透明度】值设为60%，将新图层也放置到【形状6拷贝】图层下方，绘制的高光效果如图3-89所示。

图3-88

图3-90

图3-90（续）

03　复制【矩形2】图层，得到【矩形2拷贝】图层，以作他用。

04　选中【矩形2】图层，在图形区右击，在弹出的快捷菜单中选择【建立选区】命令，将绘制的矩形转换为选区，如图3-91所示。

图3-91

05　将【矩形2】图层栅格化。再利用【油漆桶工具】将选区填充黑色，如图3-92所示。选中【主体】组并为其添加图层蒙版。

图3-92

06　利用【画笔工具】，在【矩形2】图层中涂抹，涂抹出局部高光，如图3-93所示。

07　选中【矩形工具】，再选中【矩形2拷贝】图层，将矩形整体缩放（按住Shift+Alt键），缩放并确认后修改矩形的圆角为50像素，效果如图3-94所示。

图3-93

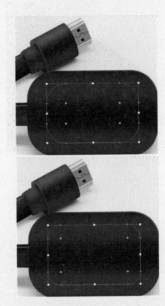

图3-94

08　设置矩形的描边宽度，结果如图3-95所示。将【矩形2拷贝】图层栅格化，并在菜单栏中执行【滤镜】|【模糊】|【高斯模糊】命令，在弹出的【高斯模糊】对话框中设置参数，单击【确定】按钮完成形状的高斯模糊处理，如图3-96所示。

图3-95

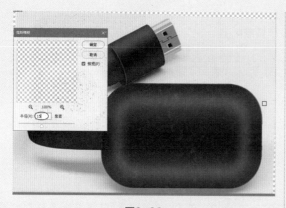

图3-96

09 参考原图，绘制一个椭圆形，其大小为13像素×13像素，并为其添加黑色描边，如图3-97所示、

图3-97

10 复制椭圆图层，并整体缩放，修改形状的颜色为蓝色，如图3-98所示。

图3-98

11 将上一步绘制的椭圆图层栅格化，再添加高斯模糊效果，如图3-99所示。

半径(R): [2.0] 像素

图3-99

12 打开本例源文件夹中的"Logo.png"文件，将Logo拖到本例文档窗口中放置，如图3-100所示，Logo图片会自动生成【图层1】。

图3-100

13 在"主体"组中新建图层2并参考原图绘制椭圆形，如图3-101所示。

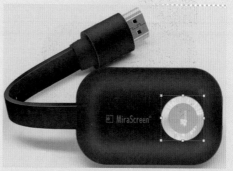

图3-101

14 复制【椭圆 3】图层,得到【椭圆 3 拷贝】图层,将【椭圆 3 拷贝】图层放置在【椭圆 3】图层上方,以此作为内部按钮图像。用【椭圆 3】图层的形状建立选区,如图 3-102 所示,再将【椭圆 3】图层转换为智能滤镜对象。

图3-102

15 在菜单栏中执行【滤镜】|Alien Skin|Eye Candy 7 命令,在弹出的 Alien Skin Eye Candy 7 对话框中选择【拉丝金属】效果并调整参数,单击【确定】按钮完成金属材质的创建,如图 3-103 所示。

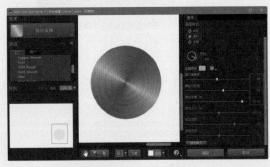

图3-103

16 将【椭圆 3 拷贝】图层中的椭圆形整体缩放,修改填充色为黑色,如图 3-104 所示。

图3-104

17 复制【椭圆 3 拷贝】图层,得到【椭圆 3 拷贝 2】图层。将【椭圆 3 拷贝 2】图层放置在【椭圆 3 拷贝】图层的下方,并将两个图层一起移至【主体】组外。

18 修改该图层的填充色为灰色,并稍微移动该图层中的椭圆形,使其成为按钮侧面部分的高光,如图 3-105 所示。

图3-105

19 栅格化【椭圆 3 拷贝】图层,利用【画笔工具】涂抹出按钮表面的高光,将【不透明度】值设为 10%,前景色为白色,效果如图 3-106 所示。

图3-106

20 从本例源文件夹中打开"4K 标志.png"文件,并拖动标志图像到当前文档窗口中放置,放置后通过缩放、移动操作来确定具体位置，结果如图 3-107 所示。

图3-107

21 将原图所在的图层隐藏，将其他所有图层和图层组复制一份，并将复制的副本合并，关闭原有图层的显示，最后为合并的图层填充背景色为白色。

至此，完成了 HDMI 显示接收器产品图的精修，最终效果如图 3-108 所示。

图3-108

第4章
生活电器产品修图技法

生活电器产品在电商平台中属于一个较大的产品类别，有常见的电视机、冰箱、电饭煲、高压锅、空气炸锅、豆浆机、电吹风、扫地机器人等。本章将以这些常见的生活电器为背景，详细介绍生活电器产品修图的实战技法。

4.1 电饭煲产品修图实例

本例产品修图的对象是某品牌的电饭煲产品，通过精修图让买家产生购买欲望。

4.1.1 修图思路解析

这款产品的商家要求电饭煲产品图干净、大气、富有高级感，能让买家产生强烈的购买欲，针对商家提出的要求，有针对性地做出修图策略，即产品图需要重新绘制，否则无法达到客户要求。

图4-1所示为电饭煲产品的原图和修图效果，原图是在真实环境下用相机拍摄的，整个空间环境补光效果较差，使电饭煲产品显得比较灰暗，锅盖和锅身显得较脏，体现不出产品的高级感，需要重新绘制图像，以建立层次分明的金属质感。

原图

修图效果

图4-1

这款电饭煲的材质包括顶部的钢化玻璃触控操作面板、锅盖侧面的流光烤漆材质、拉丝金属的锅身、黑色塑料锅底等。

4.1.2 产品修图流程

产品图的制作按从下至上的顺序进行，这样可以快速完成各层的材质制作。

1. 制作电饭煲锅底

原图中，锅底部分较脏，可以先移除杂点，再提升整体亮度。

01 启动 Photoshop 2022，在菜单栏中执行【文件】|【打开】命令，将本例源文件夹中的"电饭煲 .jpg"文件打开。

02 在【图层】面板中解锁【图层 0】。

03 在菜单栏中执行【图像】|【调整】|【亮度/对比度】命令，调整亮度和对比度，效果如图4-2 所示。调整亮度的目的是让底部更清晰，便于绘制形状图像。

图4-2

04 利用【钢笔工具】绘制底部形状，并填充渐变色。将自动创建的【形状1】图层羽化1像素，如图4-3所示。

图4-3

05 绘制底部形状后将【图层0】的亮度和对比度进行再次调整，调整效果如图4-4所示。

图4-4

06 新建图层组1，将【形状1】图层拖至组1中成为其子集。按住Ctrl键单击【形状1】图层载入选区，再选中组1并单击【添加图层蒙版】按钮添加蒙版，如图4-5所示。

图4-5

07 在组1中，利用【钢笔工具】绘制形状（不填充，设置描边颜色为白色，描边宽度为1点，不透明度为40%），作为底部的高光，如图4-6所示。

图4-6

08 完成后将组1重命名为"锅底"。

2. 制作锅身部分

01 在【图层】面板中复制【锅底】组，并重命名复制的组为"锅身"，如图4-7所示。

图4-7

02 选中【锅身】组，利用【移动工具】往上移动，如图4-8所示。

图4-8

03 在【图层】面板中将【锅底】图层置于【锅身】
图层上方。右击【锅身】组删除图层蒙版。
选中【钢笔工具】，按住 Alt 键选中【锅身】
组中的【形状 1】图层，载入钢笔形状。按住
Ctrl 键编辑形状曲线上的描点，得到锅身形状，
如图 4-9 所示。

图4-9

04 按住 Ctrl 键单击【形状 1】图层载入选区，再
选中【锅身】组以添加图层蒙版。

05 添加锅身部分的暗光和高光。修改【形状 1】
图层的填充色，修改为渐变填充，如图 4-10
所示。

1.R:0、G:0、B:0
2.R:146、G:140、B:134
3.R:90、G:85、B:80
4.R:87、G:83、B:80
5.R:250、G:250、B:250
6.R:67、G:63、B:59
7.R:204、G:197、B:89
8.R:73、G:68、B:62
9.R:240、G:240、B:230
10.R:131、G:121、B:111

图4-10

技术要点： 按住 Alt 键拖动色标可以增加色标，
若要减去色标，需要将色标垂直往下拖出渐变编
辑器即可。图 4-10 中共有 10 个色标，从左往右
依次排序为 1~10，双击各色标即可更改其颜色。

06 将【锅身】组中的【形状 1】图层转换为智能滤镜。
在菜单栏中执行【滤镜】|【杂色】|【添加杂
色】命令，为图层添加杂色，如图 4-11 所示。

图4-11

07 复制【形状 1】图层作为备份，避免后续制作
金属拉丝材质时，发现渐变填充颜色有问题无
法编辑，还可以作为材质的底色。

08 在菜单栏中执行【滤镜】|【模糊画廊】|【路
径模糊】命令，进入路径模糊设置状态，此
时会在图形中显示一个模糊控件，如图 4-12
所示。

图4-12

技术要点： 模糊控件的操作方法是，双击任何一
个控件可以新增控件；按住 Ctrl 键可以移动控件；
要删除控件，可以选择控件中的某个控制点后再
按 Delete 键删除。拖动控件中蓝色箭头的控制点
可以延长路径模糊，拖动控件中的红色箭头可以
改变路径模糊的方向。

01
02
03
04
第4章 生活电器产品修图技法
05
06
07

09 按住 Ctrl 键拖动模糊控件到合适位置，并拖动蓝色箭头改变方向。双击控件复制出新控件，复制两个新控件，然后平移到下方，3 个控件必须平行，效果如图 4-13 所示。

图4-13

10 双击任何一个控件以复制出新控件，复制出 3 个，然后将 3 个控件移到左侧，并调整路径模糊的方向，分别调整蓝色箭头和红色箭头（3 个控件保持一致），如图 4-14 所示。

图4-14

图4-14（续）

11 同理，在右侧也复制 3 个模糊控件，位置及方向如图 4-15 所示。在工具属性栏中单击【确定】按钮完成路径模糊的建立，效果如图 4-16 所示。

图4-15

图4-16

12 在菜单栏中执行【滤镜】|【锐化】|【智能锐化】命令，为路径模糊效果调整锐化，使金属拉丝效果更明显，如图 4-17 所示。

Photoshop 2022淘宝天猫电商产品图精修从新手到高手

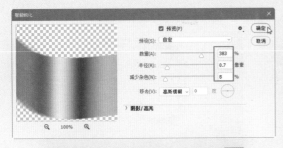

图4-17

13　选中【钢笔工具】，在【锅身】组中选中【形状2】图层，载入钢笔形状。参考原图编辑形状曲线的描点，将【不透明度】值设为60%，如图4-18所示。

图4-18

14　复制【形状2】图层，稍微往上拖移，更改描边颜色为黑色，描边宽度为1点，结果如图4-19所示。

图4-19

15　按住Ctrl键单击【锅底】组中的【形状2】图层，载入选区，选中【画笔工具】，设置前景色为黑色，然后对图像进行涂抹，涂抹出暗部，如图4-20所示。按快捷键Ctrl+D取消选区。

图4-20

16　选中【锅身】组，在【图层】面板的【设置图层混合模式】列表中选择【滤色】选项，这样可以使金属拉丝材质更加逼真，效果如图4-21所示。

图4-21

17　利用【矩形工具】，参考原图中的按钮绘制一个矩形，设置矩形形状的描边类型为渐变填充，描边宽度为4点，在【属性】面板的【设置描边的对齐类型】列表中选择第一种对齐方式，如图4-22所示。

图4-22

18 为描边类型设置渐变填充（色标从左至右依次排序），如图4-23所示。

1.R:212、G:195、B:195
2.R:210、G:200、B:200
3.R:138、G:123、B:123
4.R:205、G:196、B:196
5.R:245、G:236、B:236

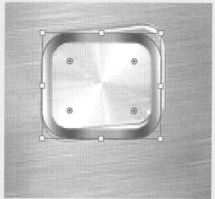

图4-23

19 执行菜单栏中的【编辑】|【变换路径】|【斜切】命令，将矩形进行斜切变换操作，如图4-24所示，完成后按Enter键确认。

图4-24

20 复制【矩形1】图层，得到【矩形1拷贝】图层，然后为复制的图层设置描边颜色、宽度和不透明度，并稍微放大图形，如图4-25所示。

图4-25

21 复制上一步绘制的图层，得到【矩形1拷贝2】图层，并缩放图像，效果如图4-26所示。继续复制【矩形1拷贝2】图层得到【矩形1拷贝3】图层，按住Ctrl键单击【矩形1拷贝3】图层载入选区。

图4-26

22 将【矩形1拷贝3】图层的形状对象的填充色设置为渐变色，描边为无颜色，效果如图4-27所示。

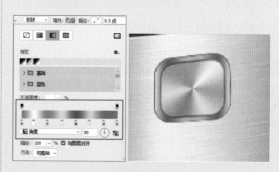

图4-27

3.制作不锈钢中板部分

01 将【锅身】图层组进行整体复制，并重命名为【中板】（放置在【锅身】组下方），此处为锅身与锅盖之间的连接部件，为不锈钢材质打造。选中【中板】组，利用【移动工具】将图像整体往上移，如图 4-28 所示。

图4-28

02 只修改材质。在【中板】组中选中【形状 1】图层，然后在【选择图层混合模式】列表中选择【亮光】选项，得到中板材质的高光反射效果，如图 4-29 所示。

图4-29

03 在【形状 1】图层内双击【添加杂色】滤镜效果，将杂色的【数量】值修改为 1，效果如图 4-30 所示。

图4-30

4.制作侧面锅盖部分

01 将【锅身】图层组进行整体复制，并重命名为【锅盖侧面】（放置在【中板】组下方），除【形状 1】图层保留外，删除"锅盖侧面"组中的其他图层，然后往上平移图层组中的图像，如图 4-31 所示。

图4-31

02 在【锅盖侧面】组的【形状 1】图层中双击【添加杂色】滤镜效果，弹出【添加杂色】对话框，修改杂色【数量】值为 1，消除杂色后的效果如图 4-32 所示。

图4-32

> **技术要点：**修改了杂色，也就相当于消除了模糊。当然也可以直接修改路径模糊，使材质表面显得很光滑。

03 锅盖的尺寸要比锅身小，接下来需要缩放图像。选中【锅盖侧面】组，在菜单栏中执行【编辑】|【变换】|【透视】命令，显示透视编辑框。拖动左上方和左下方的编辑点，改变图像的形状，如图 4-33 所示。

图4-33

5.制作锅盖上部的触控操作面板

01 在【图层】面板中新建图层组，并将图层组重命名为"触控面板"，如图 4-34 所示。

图4-34

02 选中【触控面板】图层组，利用【矩形工具】绘制一个矩形（设置为渐变填充），如图4-35 所示。

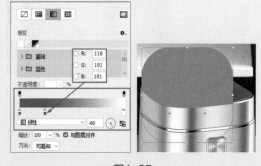

图4-35

图4-35（续）

03 在菜单栏中执行【编辑】|【变换】|【扭曲】命令，参考原图中的锅盖触控面板，将矩形扭曲变形，如图 4-36 所示。

图4-36

04 按 Enter 键确认变形后，形状自动转为路径。如果还需要微调形状，可以执行【编辑】|【变换路径】|【变形】命令进行微调，如图 4-37所示。

图4-37

05 复制上一步创建的【矩形2】图层得到【矩形2拷贝】图层，此图层的图像作为触控板面板周边的不锈钢材质。将【矩形2拷贝】图层的形状对象放大一点儿，设置描边宽度（5点）和颜色（R：50、G：50、B：50），效果如图4-38所示。

图4-38

06 复制【矩形2拷贝】图层得到【矩形2拷贝2】图层，设置描边为渐变色，描边宽度2点，效果如图4-39所示。

图4-39

07 从本例源文件夹中打开"触控屏面板.psd"文件。将这个文件中的图像拖至当前电饭煲产品修图文档中，所生成的图层移至【触控面板】组中。

08 参考原图中的触控屏面板，将【图层0】中的触控屏面板文字等进行透视（在菜单栏中执行【编辑】|【变换】|【透视】命令）操作，完成的效果如图4-40所示。

图4-40

09 制作锅盖上的旋风防溢微压阀。打开本例源文件夹中的"旋风防溢微压阀.psd"文件，将两个图层中的图像拖至当前电饭煲产品修图的文档窗口中，然后放置于锅盖面板上，如图4-41所示，并将这两个图层置于【触控面板】组中。

图4-41

10 按住Ctrl键单击【触控面板】组的【矩形2】图层缩览图，载入图层选区。再选中【触控面板】组，为其添加图层蒙版，如图4-42所示。

图4-42

11 将【触控面板】组中的【矩形2拷贝】图层和【矩形2拷贝2】图层置于【触控面板】组之上。

12 在【触控面板】组建立新图层,利用【钢笔工具】绘制如图4-43所示的形状。

图4-43

13 至此,完成了电饭煲的产品修图,最终效果如图4-44所示。

图4-44

14 如果觉得高光太强烈了,可以将以上制作的图像合并为一个图层,并在菜单栏中执行【图像】|【亮度/对比度】命令,降低产品图的亮度,效果如图4-45所示。

图4-45

4.2 电磁炉产品修图实例

本例修图产品为某品牌的圆形迷你电磁炉,通过电磁炉产品的修图,使读者学会如何制作物体的自发光、镜面反射及工作面板等。

Photoshop 2022淘宝天猫电商产品图精修从新手到高手

4.2.1 修图思路解析

图 4-46 所示中的上图为圆形迷你电磁炉的原图，下图为精修后的效果图。

产品原图

精修效果图

图4-46

1. 分析原图

从产品原图中可知，整个场景黯淡，电磁炉产品本身也无镜面反光、漫射光和材质高光表现。电磁炉盘部分的图像看起来很脏、很暗，看不清炉盘中的结构和用户操作提示，产品原图毫无美感可言，要知道电商产品直接与买家打交道的就是产品图，实物是无法接触到的。所以，帮助电商打造精品，提升网店档次，提高产品页面的点击率和转化率，是本例的重点。

2. 修图思路

场景无光，我们可以先提高场景的光洁度，

再看看产品的质感是否符合客户需求。一般来讲，小家电产品都需要重新绘图以提升产品档次，因为普通三维效果图或照片是无法满足电商页面的产品展示要求的。所以，本例电磁炉的重新绘图分炉盘制作和炉体制作两大部分。炉盘由瓷板、塑料盘盖及中间的外置温感探头组成，炉体部分包括炉身、旋钮开关和功能提示灯。

4.2.2 产品修图流程

"拆解"了产品结构后，接下来按照从上至下的制作流程，完成电磁炉产品的修图。

1. 绘制炉盘

炉盘上的瓷盘部分建议先绘制瓷盘的俯视图，因为上面有标志和文字，绘制后利用【变形】【透视】或【扭曲】等工具进行扭曲变形。

　　(1) 制作瓷盘。

01 启动 Photoshop，打开本例源文件夹中的"电磁炉 .png"文件。

02 将【图层】面板中的【背景】图层解锁（单击图层名右侧的解锁图标 🔒）。

03 在菜单栏中执行【图像】|【调整】|【亮度/对比度】命令，调整图像的亮度和对比度，如图 4-47 所示。

图4-47

04 在【图层】面板中新建图层组，并重命名为"炉盘"。利用工具箱中的【椭圆工具】 ⬭ ，绘制椭圆形后设置填充色，如图 4-48 所示。为了不影响炉盘上其他图像的绘制，暂将【椭圆 1】图层设置为透明。

图4-48

05 继续绘制 3 个椭圆形，如图 4-49 所示。

图4-49

06 重新建立文档，用于绘制炉盘部分的瓷盘。瓷盘边缘有 3 个标志和一段文字，由于不是本例重点，标志部分的设计这里忽略，基本上采用的是【矩形工具】【直线工具】【三角形工具】和【横排文字工具】来完成的。

07 首先利用【椭圆工具】绘制 570 像素 ×570 像素的正圆形，并填充为黑色，如图 4-50 所示。

图4-50

08 按住 Alt 键拖动复制正圆形，并利用【缩放工具】进行缩放，将复制的圆形取消填充，改为描边宽度为 2 的白色描边，用于放置文本时的参考，如图 4-51 所示。

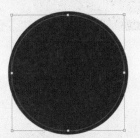

图4-51

09 3 个标志分别为 EMC 标志、LTE 瓷盘面板材质标志和小心烫伤警示标志，设计过程忽略，可从本例源文件夹中打开"瓷盘标志.psd"文件，将 3 个标志拖到瓷盘文档窗口中，并参照圆形进行排列放置，如图 4-52 所示。

图4-52

10 按住 Ctrl 键单击白色描边的圆形图层以载入选区，单击工具箱中的【横排文字工具】按钮 T ，在要放置文字的圆形选区上单击，然后输入"高温表面 小心烫伤 请勿干烧"等文字，设置文字大小和文字样式，如图 4-53 所示。

图4-53

命令，将正圆形扭曲变形，如图4-56所示。

图4-56

技术要点： 如果文字位置不对，可以执行菜单栏中的【编辑】|【变换路径】|【旋转】命令旋转圆形，或者旋转文字均可。如果文字在圆形外或者方向倒转了，在【属性】面板的【变换】选项区中单击【水平翻转】▷◁或【垂直翻转】☑按钮调整文字方向，如图4-54所示。

（2）绘制外置温感探头。

01 在【图层】面板中将【瓷盘】图层的不透明度设为0（或者关闭该图层），图层透明显示，便于绘制中间的外置温感探头。

02 利用【矩形工具】，参照原图绘制小矩形。将矩形图层转换为智能滤镜对象，然后在菜单栏中执行【滤镜】|【模糊】|【高斯模糊】命令，对图层进行高斯模糊处理，半径为1像素，效果如图4-57所示。

图4-54

11 隐藏白色描边的圆形。删除【图层0】，再将其他所有图层合并为一个图层，并重命名为"瓷盘"。将瓷盘图像拖至电磁炉产品修图的文档中，如图4-55所示。

1.R:86、G:86、B:86
2.R:190、G:180、B:180
3.R:50、G:50、B:50
4.R:169、G:161、B:161
5.R:123、G:114、B:114
6.R:30、G:30、B:30

图4-55

12 在菜单栏中执行【编辑】|【变换】|【扭曲】

图4-57

03 利用【椭圆工具】绘制一个小椭圆形，并填充渐变色，如图4-58所示。

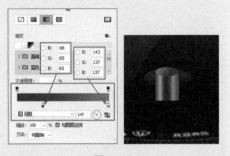

图4-58

04 复制小椭圆形，取消渐变填充，设置描边为渐变色，描边宽度为1点，以此作为边缘的高光，效果如图4-59所示。

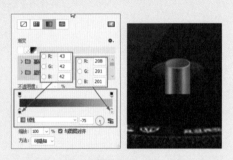

图4-59

05 在【图层】面板中将小矩形及两个小椭圆图层同时选中并右击，在弹出的快捷菜单中选择【转换为智能滤镜】命令，得到新图层，然后重命名为"外置温感探头"，如图4-60所示。

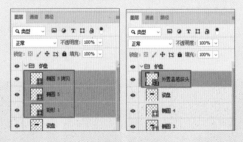

图4-60

06 暂时将【外置温感探头】图层关闭，将【椭圆4】图层置于【瓷盘】图层上方。选中【椭圆工具】，再选中之前建立的【椭圆4】图层，图形区显示椭圆形。在工具属性栏中修改填充色为渐变

色，将图层的【不透明度】值设为60%，如图4-61所示。

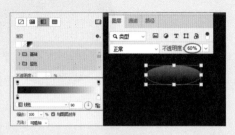

图4-61

07 复制【椭圆4】图层得到【椭圆4拷贝】图层，将【外置温感探头】图层和【椭圆4拷贝】图层移至【炉盘】组外，重新建立组1，并将组1放置于【炉盘】组上方，如图4-62所示。

图4-62

08 取消【椭圆4拷贝】图层中椭圆形的渐变填充，设置描边色为黑色，描边宽度为2点。

09 在组1中复制【椭圆4拷贝】图层得到【椭圆4拷贝2】图层，将【椭圆4拷贝2】图层置于【椭圆4拷贝】图层之下。在菜单栏中执行【编辑】|【编辑路径】|【变形】命令，将【椭圆4拷贝2】图层的小椭圆形变形，如图4-63所示。

图4-63

10 按住Ctrl键单击【椭圆4拷贝2】图层载入选区，然后选择组1，为该组添加图层蒙版，得到如

图4-64所示的效果。

图4-64

(3)绘制塑料盘盖。

01 在【炉盘】组中复制【椭圆3】图层得到【椭圆3拷贝】图层。显示椭圆3的形状，取消填充，设置描边色为白色，描边宽度为4点，图层不透明度为60%，效果如图4-65所示。

图4-65

02 在【炉盘】组中新建组2，将【椭圆3】【椭圆3拷贝】【瓷盘】和【椭圆4】图层移到【组2】中，然后将【组1】也拖入【炉盘】组中，如图4-66所示。

图4-66

03 选中【椭圆2】图层，在菜单栏中执行【编辑】|【变换路径】|【变形】命令，参照原图稍微调整一下形状，如图4-67所示。

图4-67

04 修改椭圆2的填充色（R40、G40、B40）。复制【椭圆2】图层得到【椭圆2拷贝】图层，取消该图层的填充色，设置描边色为黑色，描边宽度为4点，如图4-68所示。

图4-68

05 将【椭圆2】图层栅格化处理。在菜单栏中执行【滤镜】|【杂色】|【添加杂色】命令，添加【数量】值为1的杂色，如图4-69所示。

图4-69

06 执行【滤镜】|【模糊】|【表面模糊】命令，为杂色添加模糊效果，如图 4-70 所示。

图4-70

07 选中【椭圆 1】图层，选中【椭圆工具】以显示椭圆形状，然后修改填充色为渐变，如图 4-71 所示。

1.R:0、G:0、B:0
2.R:95、G:95、B:95
3.R:0、G:0、B:0
4.R:95、G:95、B:95
5.R:0、G:0、B:0

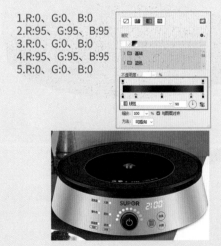

图4-71

08 复制【椭圆 1】图层，得到【椭圆 1 拷贝】图层。修改【椭圆 1 拷贝】图层中的椭圆填充（移除填充）及描边（渐变描边，宽度为 3 点），如图 4-72 所示。

图4-72

09 为【椭圆 1 拷贝】图层添加高斯模糊（半径为 2）。按住 Ctrl 键单击【椭圆 1】图层载入选区，接着选中【炉盘】组，为其添加图层蒙版，如图 4-73 所示。

图4-73

10 在【炉盘】组中新建图层，利用【钢笔工具】绘制图形，绘制图形后图层名变成"形状 1"，如图 4-74 所示。

图4-74

11 设置渐变填充和图层不透明度，高光效果如图 4-75 所示。

图4-75

12 由于边缘的塑料圈顶部是一个斜面，所以还要修改椭圆形。首先按住Alt键选中【椭圆2拷贝】图层并选中【钢笔工具】载入形状，按住Ctrl键拖动描点改变形状，如图4-76所示。

图4-76

13 选中【椭圆2】图层，在菜单栏中执行【编辑】|【变换】|【变形】命令，对形状进行变形，如图 4-77 所示。

图4-77

14 在【图层】面板中新建组3，将图 4-78 所示的几个图层拖入【组 3】中。将【椭圆 1 拷贝】图层置于【组 3】中的顶部，最终编辑完成的效果如图 4-78 所示。

图4-78

15 接着在【组 3】下方再建立【组 4】，复制【组 3】中的【椭圆 1】图层到【组 4】中，得到【椭圆 1 拷贝 2】图层，如图 4-79 所示。

图4-79

16 将【椭圆1拷贝2】图层的图像向下拖移，如图4-80所示。

图4-80

17 利用【矩形工具】绘制一个831×36（单位均为"像素"）的矩形，矩形下端点与椭圆端点重合，矩形上端点与椭圆的上端点重合，如图4-81所示。

图4-81

18 按住Ctrl键选择组4中【椭圆1拷贝2】图层和【矩形1】图层，再按快捷键Ctrl+E合并两个图层。在工具箱中选中【直接选择工具】按钮，然后在工具属性栏中选择【合并形状组件】选项，将形状合并，得到如图4-82所示的结果。

图4-82

19 【椭圆1拷贝2】图层和【矩形1】图层合并后形成的图层名称为"矩形1"。在【图层】

面板中将组4拖出【炉盘】组并放置于下方，这样就能可见形状的填充色了。选中【矩形工具】，修改【矩形1】图层形状的填充为渐变色，如图4-83所示。

图4-83

20 将【炉盘】组下【组3】中的【椭圆1拷贝】图层复制到【组4】中得到【椭圆1拷贝2】图层，置于【组4】的顶部，如图4-84所示。

图4-84

21 双击【椭圆1拷贝2】图层的缩览图，会单独显示编辑窗口和该图层的图像，如图4-85所示。

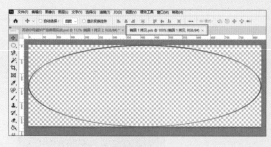

图4-85

22 在新编辑窗口中选中【椭圆工具】，并在工具属性栏中编辑描边的渐变色和描边宽度，编辑后关闭编辑窗口，系统会提示是否保存更改，单击【是】按钮保存更改，如图4-86所示。

图4-86

23 向下拖移【椭圆1拷贝2】图层的图像，如图4-87所示。

图4-87

2. 绘制炉体

炉体部分的绘制顺序是先绘制炉身，然后绘制旋钮开关，由于功能提示灯、品牌标志及文字提示需要变形，因此可与炉身一起绘制。

（1）绘制炉身。

01 在【图层】面板中新建组5，并重命名为"炉体"。接着在【炉体】组内再新建一个组，并重命名为【炉身】，如图4-88所示。

图4-88

02 利用【矩形工具】参考原图绘制矩形，如图4-89所示。【矩形2】图层自动放置于【炉身】组中。

图4-89

03 对【矩形2】进行渐变填充，参考组4中的【矩形1】图层的渐变填充进行操作，操作方法是，选中【矩形工具】，选择【组4】中的【矩形1】图层，在工具属性栏单击填充图标打开填充面板，然后选择【拷贝填充】命令，如图4-90所示。

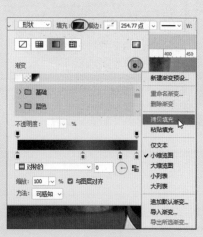

图4-90

04 返回到【炉身】组选中【矩形2】图层，打开
填充面板，选择【粘贴填充】命令，粘贴之前
的填充样式，如图4-91所示。

图4-91

05 但是炉身的金属材质高光要强于塑料盖的弱
光，所以还要修改渐变填充色，此时只修改高
光色和暗部色，如图4-92所示。

高光色（R: 155、G: 155、B: 155）

暗部色（R: 7、G: 7、B: 7）

图4-92

06 打开本例源文件夹中的Logo.png文件，在新
窗口中按住Ctrl键单击图层载入Logo选区，
然后利用【油漆桶工具】填充白色。拖动整个

Logo图像到电磁炉产品修图的当前文档窗口
中，并重命名图层为"SUPOR标志"，如图
4-93所示。

图4-93

07 创建文本图层并输入文字，只需要参照原图中
的文字样式、位置进行布置即可，如图4-94
所示。

图4-94

技术要点：文字颜色先设为黑色，等布局完成后
再统一转为白色，因为新的炉体为黑色金属，文
字必须为白色才能显示得更清楚。整个面板的文
字由3部分组成。

08 绘制指示灯和文字圈，如图4-95所示。在【炉
身】组中，将所有的文字、标志、指示灯等图
层放置在一个新组（命名为"面板"）中，便
于图像管理和编辑，如图4-96所示。

图4-95

图4-96

09 复制【面板】组作为备份，避免后续因操作失误无法编辑图像。将备份的组按快捷键 Ctrl+E 进行图层合并，得到【面板 拷贝】图层，重命名该图层为"面板"，如图 4-97 所示。合并图层后将原【面板】组关闭。

图4-97

10 选中【面板】图层，在菜单栏中执行【编辑】|【变换】|【变形】命令，进入变形模式。在工具属性栏中设置拆分网格选项，如图 4-98 所示。

图4-98

11 将图像变形，变形结果如图 4-99 所示。变形时拖动描点和描点上的两个方向指针来改变位置和指向，以中间轴线为基准，左右两边尽量对称。

图4-99

12 绘制一个椭圆形，然后对椭圆形进行变形处理。设置椭圆形的描边为白色，描边宽度为 2 点，设置图层不透明度为 85%，效果如图 4-100 所示。

图4-100

图4-100（续）

13　将【炉盘】组下【组3】中的【椭圆1】图层复制到【炉体】组下的【炉身】组中，并向下移动。设置描边色和描边宽度，效果如图4-101所示。

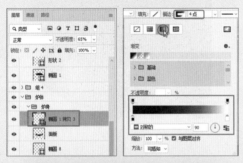

图4-101

（2）绘制旋钮开关。

01　在【炉体】组内再新建名为【旋钮】的组，如图4-102所示。

图4-102

02　参考原图，利用【椭圆工具】绘制一个圆形，为椭圆填充黑色，如图4-103所示。

图4-103

03　在【旋钮】组中复制【椭圆9】图层，修改该图层的描边色及描边宽度，图层不透明度设为80%，添加旋钮高光的效果如图4-104所示。

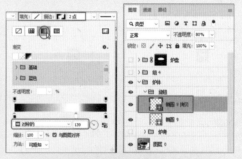

图4-104

04　平面的旋钮缺少立体感，这里继续增强立体感。复制【椭圆9拷贝】图层得到【椭圆9拷贝2】图层。然后稍稍向上拖移图像，再修改填充色，将图层不透明度设为80%，稍微变形一下椭圆形，最终结果如图4-105所示。

图4-105

图4-107

05 再绘制一个椭圆形，描边类型为纯灰色填充，描边宽度为2点，效果如图4-106所示。

07 再绘制一个椭圆形，描边填充为白色，描边宽度为2点，如图4-108所示。

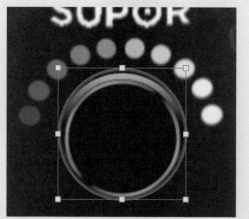

图4-106

06 复制椭圆形，修改描边填充渐变色，效果如图4-107所示。

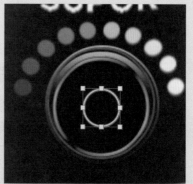

图4-108

08 绘制一个矩形，填充为黑色，如图4-109所示。

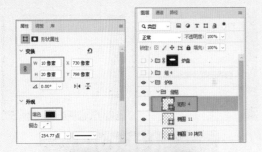

图4-109

09 利用【钢笔工具】绘制直线，描边填充为白色，描边宽度为2点，如图4-110所示。

图4-110

10 按住Ctrl键单击【椭圆10拷贝】图层载入选区，再选择【旋钮】组添加图层蒙版，如图4-111所示。

图4-111

11 利用【钢笔工具】绘制图形，设置渐变填充，将不透明度设为37%，如图4-112所示。

图4-112

12 在菜单栏中执行【滤镜】|【模糊】|【高斯模糊】命令，为【形状4】图层添加模糊效果（模糊半径为3像素），效果如图4-113所示。

图4-113

至此，完成了本例电磁炉产品修图，最终完成的效果如图4-114所示。

图4-114

第5章
箱包、鞋、酒类产品修图技法

　　箱包、鞋及酒类产品是我们日常生活的必需品，这几类产品的修图不一定全都要重新绘制，特别是产品细节特征比较多的箱包及鞋，重新绘图不一定能满足电商产品修图要求，因为 Photoshop 修图只是电商产品展示的一种辅助手段，只求增强产品美感、质感及产品的档次，所以我们在这几类产品修图中基本上采用在原图基础上进行精修，而不是重新绘制产品图。

5.1 拉杆箱产品修图实例

本例产品是一个旅行用的拉杆箱，商家拍摄的原图是从一个角度来展示产品的，希望通过产品修图使产品档次得到大幅提升，增加商品页面的点击率和产品的转化率。

5.1.1 修图思路解析

图 5-1 所示为拉杆箱原图，是将拉杆箱放置于桌面上，灯光从两个方向照向拉杆箱，使整个箱子得到全面展示。下面分析原图中的不足之处。

图5-1

首先原图中的拉杆箱整体的光照比例不恰当，局部细节过曝严重，如拉杆部分的铝合金材质，本身是银白色的材质，加上白灯照射，更加亮白，反而使拉杆的层次感变得不那么明显。而拉杆手把部分的光线散射也使手把显得比较脏，反光线条不明朗，如图 5-2 所示。

图5-2

其次，箱体部分由于采用了暗纹材质，光线反射和散射使箱体本身变得不那么"新"，感觉产品档次低，所以这部分是接下来修复的重点，如图 5-3 所示。

图5-3

既然是修复，就意味着有些部分需要重新绘制，有些部件则保留，比如红色的箱体材质需要重新绘制，而其他部件全部保留，仅是去除较脏的杂点，添加一些光效，即可使产品变得高级，如图 5-4 所示。

图5-4

最后是箱底的 4 个脚轮，由于不是电商产品的主要展示部分，原则上完全保留，无须修图。

5.1.2 产品修图流程

产品修图顺序是从下至上进行的，先将整个产品从原图中抠出来，然后绘制出要修复区域的形状，并逐一填色。

1. 杆箱手把修图

当初学者学习到一定程度后，可以使用一些技巧来提升绘图效率。比如手把的高光表现不足，可以在原图上擦除原有的高光，然后重新补光即可，无须重新绘制形状并填色。

(1) 产品抠图。

01 启动 Photoshop 2022，在菜单栏中执行【文件】|【打开】命令，将本例源文件夹中的"拉杆箱.png"文件。

02 在【图层】面板中新建【图层1】。利用工具箱中的【钢笔工具】 绘制拉杆箱的外轮廓形状，此时系统自动建立新图层（【形状1】图层）。

03 按住 Ctrl 键单击【形状1】图层的缩览图载入选区，使用【油漆桶工具】 填充白色，如图5-5所示。

图5-5

> **技术要点：** 由于原图中手把部分的背景色与手把边缘的颜色比较接近，利用【对象选择工具】不能很好地将图像抠出来，需要使用【钢笔工具】绘制路径。

04 同理，绘制手把内部的形状并填色，结果如图5-6所示。在【图层】面板中将3个图层合并，并重命名为【图层0】，至此完成产品的抠图

操作。抠图完成后发现手把部分很脏，杂点多，所以需要重新绘制。

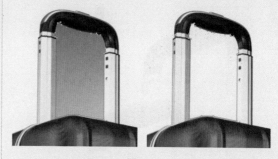

图5-6

(2) 绘制手把部分。

01 利用【钢笔工具】 绘制手把（黑色塑料部分）的形状，并填充黑色，如图5-7所示。

图5-7

02 新建【组1】，将【形状1】图层置于其中。载入【形状1】的选区，并为【组1】添加图层蒙版，如图5-8所示。

图5-8

03 添加第一条高光，用钢笔路径（描边宽度为5点、颜色为白色）来创建手把塑料部分的高光（需要添加10像素的高斯模糊），如图5-9所示。

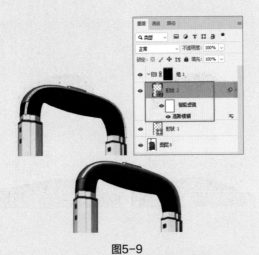

图5-9

04 继续绘制第二条高光，绘制形状并填充渐变色，设置图层不透明度为25%，再添加半径为5像素的高斯模糊，效果如图5-10所示。

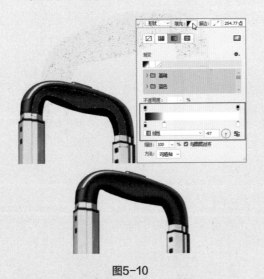

图5-10

05 同理，再绘制两处位置的高光，如图5-11所示。

图5-11

(3) 绘制拉杆。

01 创建【组2】。依次绘制3条竖直曲线，第1

条和第3条的描边宽度设置均为5点，第2条描边宽度为22点，第1条描边颜色为灰色，第2条描边颜色稍深一些，第3条更深，画出左侧拉杆的层次感，结果如图5-12所示。

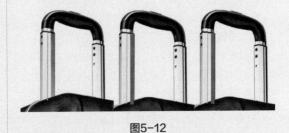

图5-12

02 再绘制多段直线，设置描边宽度为5点，颜色为黑色，如图5-13所示。

图5-13

03 右侧仅修复一处。绘制形状并进行填充，如图5-14所示。

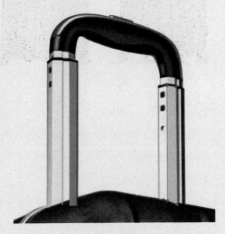

图5-14

2. 箱体部分修图

箱体以不锈钢边框及铰链为界，分左、右两部分。

（1）左侧部分修图。

01　新建【组3】。为便于图层管理，将【组1】重命名为"手把"，将【组2】重命名为"拉杆"，将【组3】重命名为"左侧箱体"，如图5-15所示。

图5-15

02　选中【左侧箱体】组。利用【钢笔工具】将左侧部分的箱体形状绘制出来，进行渐变填充时用吸管分别在箱体上部和底部吸取底色，效果如图5-16所示。

图5-16

技术要点：这里填充什么色，需要对箱体的光照进行分析，灯光是从上向下进行照射的，也就是箱体上部颜色会比下部的颜色要浅一些，整个左侧的箱体会形成渐进颜色变化。

03　为光照添加暗部。按住Ctrl键在【左侧箱体】组中单击【形状13】图层的缩览图，以载入选区，然后为【左侧箱体】组添加图层蒙版，如图5-17所示。

图5-17

04　利用【钢笔工具】沿箱体轮廓绘制开放曲线，并设置描边宽度和描边颜色，如图5-18所示。

图5-18

05　设置高斯模糊，使暗部与底色形成渐进过渡，显得更加真实，如图5-19所示。

图5-19

06　绘制斜线，设置描边宽度和描边颜色，最后添加半径为28像素的高斯模糊，效果如图5-20所示。

图5-22

03 按住 Ctrl 键单击【形状 16】图层载入选区，并为【右侧箱体】组添加图层蒙版，如图 5-23 所示。

图5-23

技术要点：在右侧箱体中有高光和暗部，顺序是先暗部，再按照光线强弱来依次建立高光部分。

04 利用【钢笔工具】 ✍ 绘制竖线，设置描边宽度和描边颜色。为竖直线添加高斯模糊（半径为 20）效果，如图 5-24 所示。

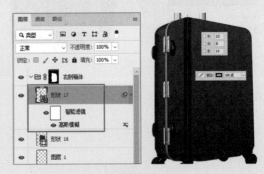

图5-24

图5-20

（2）右侧部分修图。

01 新建【组 4】并重命名为"右侧箱体"。利用【钢笔工具】 ✍ 绘制四边形，并建立选区。选中【图层 0】，按快捷键 Ctrl+C 复制选区中的图像，然后在"右侧箱体"组中粘贴，粘贴的图像会自动保存在新建的【图层 1】中，如图 5-21 所示。

图5-21

02 删除【形状 16】图层。再利用【钢笔工具】 ✍ 绘制右侧箱体的外轮廓（自动生成【形状 16】图层），然后从左侧箱体中复制渐变填充，以保持左、右箱体的填充色一致，如图 5-22 所示。

05 利用【钢笔工具】 ✐ 绘制形状，设置描边宽度和描边颜色。为形状添加高斯模糊（半径为10）效果，如图5-25所示。

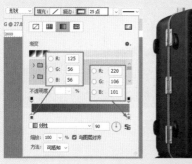

图5-25

06 复制【形状18】图层并执行菜单栏中的【编辑】|【变换】|【水平翻转】命令，翻转图形后向右平移，然后重新编辑描边宽度和颜色，效果如图5-26所示。

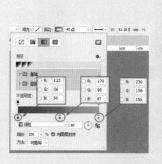

图5-26

07 参考原图，绘制形状曲线（形状19），设置描边颜色和宽度，如图5-27所示。

图5-27

08 在原位置复制【形状19】两次，得到两个拷贝图层。将其中一个拷贝图层的描边方向调整为向左，描边颜色和宽度分别更改，如图5-28所示；另一个拷贝图层的描边方向调整为向右，也要调整描边颜色和宽度，如图5-29所示。

图5-28

图5-29

09 分别为【形状19】的两个副本图形添加模糊半径为2的高斯模糊效果。

10 将【形状19】图层和两个副本图层合并为一个图层，重命名为"形状19"，如图5-30所示。

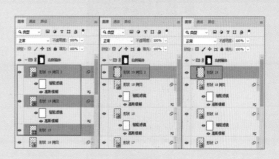

图5-30

11 依据新的【形状19】图层再拷贝出3个图层，参考原图对复制的几个图层对象进行平移（个别图层要进行旋转及缩放操作）操作，效果如图5-31所示。

图5-31

12 利用【钢笔工具】 绘制【形状20】，效果如图5-32所示。

图5-32

13 再复制【形状20】两次，并移至相应位置，如图5-33所示。

图5-33

14 利用【钢笔工具】 绘制【形状21】，效果如图5-34所示。

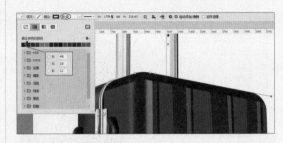

图5-34

15 为【形状21】添加半径为20像素的高斯模糊效果（在添加高斯模糊之前复制【形状21】），如图5-35所示。

图5-35

16 更改【形状21】的拷贝对象的描边色（R：212、G：104、B：118）和描边宽度（40像素），再添加高斯模糊效果，如图5-36所示。

图5-36

17 利用【钢笔工具】 绘制【形状22】，设置为渐变填充，图层不透明度为35%，效果如图5-37所示。

图5-37

18 添加半径为 35 的高斯模糊效果，如图 5-38 所示。

图5-38

19 利用【钢笔工具】 ✐ 在底部绘制【形状 23】，添加高斯模糊效果，如图 5-39 所示。

图5-39

20 利用【钢笔工具】 ✐ 在底部绘制【形状 24】，设置渐变填充，图层不透明度为 65%，效果如图 5-40 所示。

图5-40

21 添加半径为 20 的高斯模糊效果，如图 5-41 所示。

图5-41

22 同理，在【左侧箱体】组中绘制【形状 25】，并添加高斯模糊效果，效果如图 5-42 所示。

图5-42

23 在【右侧箱体】组中将【图层 1】拖至顶层，以显示品牌标志，如图 5-43 所示。

图5-43

3. 制作阴影

01 选中【图层0】，利用【对象选择工具】 ，建立箱体的选区，然后将选区中的图像复制到新图层（图层2）中，如图5-44所示。

图5-45

图5-44

02 将【图层2】转换智能滤镜图层。在菜单栏中执行【滤镜】|Alien Skin|Eye Candy 7命令，在弹出的 Alien Skin Eye Candy 7 对话框中选择【阴影】效果，单击【确定】按钮完成阴影的创建，如图5-45所示。

至此，完成了拉杆箱的产品修图，最终精修效果如图5-46所示。

图5-46

5.2 品牌女士钱包产品修图实例

本例修图产品为某高档品牌的钱包，原本要用 Photoshop 重新绘制完成修图，但考虑到皮革材质的特殊性，比塑料材质更难表现。在 Photoshop 中虽然可以制作一些有纹理的皮革材质，但某些特殊纹理 Photoshop 无法做到准确，平面设计师就会根据产品原图来决定是否重新绘制，或者在原有基础上进行细节修复。如果摄影师拍摄产品的整体效果还不错，那么选择在原图基础之上进行修复无疑是最好的选择。

5.2.1 修图思路解析

图 5-47 所示，上图为钱包产品原图，下图为精修后的效果图。

产品原图

精修效果图

图5-47

一般来说，皮革材质的产品，外观表现其实都是比较中肯的，虽看起来干干净净，但就是表现不了那种高雅、富贵的品质，如今电商平台的商品展示中，皮革材质的产品看起来都是清新亮丽的，给人一种"简约却不简单"的感觉，让人看了就会产生购买的冲动。就本例中的钱包产品来说，"浑浊""黯淡""陈旧"都可以用来形容它，找不到可圈可点之处，就像是放在家里的某个角落，身上沾满了灰尘。所以本例的修图重点主要放在皮革材质的"亮"及金属件的华丽高光上，那么接下来就针对这两个问题进行原图的全面修复。

本例产品的皮革材质是经过特殊加工工艺压制而成的，无法用 Photoshop 进行模拟，鉴于原图中拍摄产品的角度很合理，所以采用原图修复的方式进行操作。

技术要点： 在 Photoshop 中若要模拟皮革材质，

需要使用滤镜库来添加纹理，通过通道功能添加颜色，最后添加光效。

5.2.2 产品修图流程

钱包的修图内容包括皮革材质的修复和金属扣材质的修复。原图中的皮革材质表现比较模糊，需要做锐化处理，其次通过调整色彩，将皮革材质中的不清晰的"灰"去掉。最后调整金属扣和金属标志，使其更有明暗对比、立体感。

1. 修复皮革材质

对于皮革材质，修复主要在于提升皮革的整体亮度、清晰度和各种光照效果的细节处理。

01 启动 Photoshop，打开本例源文件夹中的"钱包 .png"文件。

02 将【图层】面板中的【背景】图层解锁。

03 在菜单栏中执行【滤镜】|【锐化】|【智能锐化】命令，弹出【智能锐化】对话框。调整图像的清晰度并还原皮革材质的真实纹理，如图 5-48 所示。

图5-48

04 在菜单栏中执行【图像】|【调整】|【色阶】命令，弹出【色阶】对话框。接下来调整图像中背景的颜色、皮革材质的明暗度，如图 5-49 所示。

图5-49

05 在菜单栏中执行【图像】|【调整】|【曲线】命令，弹出【曲线】对话框。通过调整曲线的方式调节光照强度和方向，如图5-50所示。

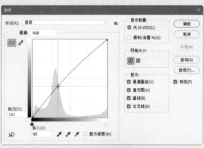

图5-50

06 在菜单栏中执行【图像】|【调整】|【自然饱和度】命令，弹出【自然饱和度】对话框，设置【饱和度】值，效果如图5-51所示。

图5-51

07 利用【钢笔工具】绘制形状，并转为选区，

并将选区中的图像复制到新的【图层1】中，如图5-52所示。

图5-52

> **技术要点：** 这一步操作的目的有两个，一个是钱包的阴影部分比较脏，需要重新建立阴影效果；另一个就是需要在左侧建立钱包的暗部，使整个钱包看起来更加立体。

08 在【图层0】中，利用【画笔工具】将全部图像涂抹成白色。

09 新建【组1】，将【图层1】放置在【组1】中。按住Ctrl键单击图层1的缩览图载入选区，然后为【组1】添加图层蒙版，如图5-53所示。

图5-53

10 利用【钢笔工具】绘制一条斜线，并设置描边颜色为黑色，设置描边宽度为20点，设置

Photoshop 2022淘宝天猫电商产品图精修从新手到高手

图层不透明度为 50%，如图 5-54 所示。

图5-54

11 为【形状 2】图层添加半径为 7 像素的高斯模糊，效果如图 5-55 所示。

图5-55

2. 修复金属扣材质

01 利用【钢笔工具】✍绘制一条斜线（形状 3），设置描边宽度和颜色，设置图层不透明度为80%，如图 5-56 所示。

图5-56

02 复制【形状 3】并移至金属扣的另一侧，还需对其进行变形操作，结果如图 5-57 所示。

图5-57

03 在【图层】面板中选中【图层 1】，并转换为智能滤镜图层。

04 在菜单栏中执行【滤镜】|Alien Skin|Eye Candy 7 命令，在弹出的 Alien Skin Eye Candy 7 对话框中选择【阴影】效果，单击【确定】按钮完成阴影的创建，如图 5-58 所示。

图5-58

05 将【图层 1】拖到【组 1】的底部，完成了钱包产品修图，最终精修效果如图 5-59 所示。

图5-59

5.3 男士休闲皮鞋产品修图实例

本例修图产品为某品牌的男士休闲皮鞋。对于鞋类产品的修图来讲，基本上实物拍摄的鞋都会出现脏、褶皱、塌陷、无亮光或高光不足等问题，在本例中将介绍一些之前修图作品中未使用到的修图工具。

5.3.1 修图思路解析

图 5-60 所示，上图为男士休闲皮鞋的原图，下图为产品精修效果图。

产品原图

精修效果图

图5-60

首先分析原图，原图中的休闲皮鞋有几处缺陷，分别是鞋面亮光不足、鞋面及鞋后跟塌陷、鞋面及鞋帮处有褶皱、整体脏点较多、质感欠佳。

解决问题的方法是，亮光不足可以提升对比度及亮度；塌陷问题可以使用【液化】滤镜进行修复；褶皱及脏点问题可以使用【画笔工具】进行细微的修复。

这款男士休闲皮鞋修图的最大难点在于鞋面的塌陷及褶皱的处理，之前章节中还没有使用过本例中使用的工具，所以希望大家举一反三将其应用到其他产品修图中。

无论是皮革的褶皱或者是衣物的褶皱，本质上都属于光的反射问题。在 Photoshop 中修复褶皱其实就是补光或除光的操作。皮革中形成褶皱的原因主要是皮革表面不光滑，致使光线反射不一致，如图 5-61 所示。

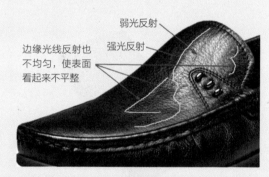

弱光反射

强光反射

边缘光线反射也不均匀，使表面看起来不平整

图5-61

5.3.2 产品修图流程

整个鞋的修图内容包括提升亮度及对比度、修复鞋子塌陷、修复鞋面及鞋棒面褶皱、以提升品质。

1. 修复鞋的塌陷问题

像本例这种软皮材质的鞋，一般都会出现塌陷问题，那么作为电商产品页面展示的样本，平面设计师必须修复这种缺陷，以提升产品的档次。

01 启动 Photoshop，打开本例源文件夹中的"男士休闲皮鞋 .jpg"文件。

02 将【图层】面板中的【背景】图层解锁。

03 利用【对象选择工具】，将鞋子从原图中抠出来并粘贴到新建的【图层 1】中。关闭【图层0】的显示，然后利用【油漆桶工具】🪣填充【图层1】为白色，如图5-62所示。

图5-62

04 按快捷键 Ctrl+M 调出【曲线】对话框，调整图像的对比度和亮度，如图5-63所示。

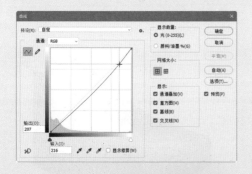

图5-63

05 在菜单栏中执行【滤镜】|【液化】命令，弹出【液化】对话框。在该对话框中先设置画

笔的大小及应力值，然后拖动鞋面及鞋帮的塌陷部分进行修复。鞋面的修复如图5-64所示。鞋帮面的塌陷修复如图5-65所示。

图5-64

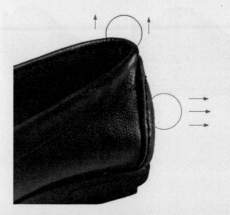

图5-65

技术要点：为了保证修复塌陷的质量（平滑度），最好将压力值设置得小一些，缓慢地修复塌陷部位，将鞋面轮廓和鞋帮轮廓修复得饱满一些。

06 塌陷修复完成后，单击【确定】按钮关闭【液化】对话框。

2. 修复褶皱

鞋面及鞋帮上的褶皱就使用均衡补光的方法来修复。

01 在菜单栏中执行【图层】|【新建】|【图层】命令，弹出【新建图层】对话框。在该对话框中设置图层参数，单击【确定】按钮建立新图层，如图5-66所示。

117

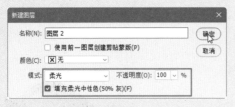

图5-66

02　在工具箱中选中【画笔工具】 ✎ ，并在工具
　　属性栏中设置画笔选项，前景色为白色、背景
　　色为黑色，然后在鞋面上涂抹有褶皱的地方，
　　要涂抹出亮光的层次感（通过画笔透明度来实
　　现），如图5-67所示。

图5-67

技术要点： 皱褶清除是一个需要耐心的工作，需
要细致处理。画笔的透明度是随着鞋面亮光变化
而变化的，不要一成不变地用一种画笔去涂抹。
透明度要在5%~25%进行变换。另外，在工具箱
中还要单击 ⇄ 按钮不断切换前景色和背景色，
反复地涂抹。方法是太亮的地方用高透明度的前
景黑色涂抹，较黑（褶皱）的地方用高透明度的
背景白色涂抹，如此变换操作即可。这里截图无
法表达出完整过程，还需结合本例视频来学习。

03　如果采用这种方法还不能很好地除去褶皱，可
　　以在画笔涂抹后利用【钢笔工具】绘制路径，
　　然后设置描边颜色和描边宽度，如图5-68
　　所示。

04　在【图层】面板中按住Alt键后将鼠标指针移
　　至【形状1】图层和【图层2】之间，此时会
　　显示一个向下合并的箭头 ↓▢，单击即可将【形
　　状1】图层合并到【图层2】中，如图5-69
　　所示。

图5-68

图5-69

技术要点： 如果要取消合并，按住 Ctrl+Alt 键，
显示【取消向下合并】箭头 ↓▢ 后单击即可。

05　向下合并图层后，效果就立即显现出来了，再
　　将【形状1】图层进行高斯模糊处理，就得到
　　了比较规则的高光，这要比徒手涂抹高光要好
　　得多，如图5-70所示。

图5-70

06　鞋中有很多脏点，这里可使用【仿制图章工具】，按 Alt 键吸取脏点旁边的颜色后，再涂抹脏点即可清除，如图 5-71 所示。

图5-71

07　调整完成的结果如图 5-72 所示。

图5-72

08　选中【图层 1】，在菜单栏中执行【滤镜】|【锐化】|【智能锐化】命令，弹出【智能锐化】对话框。设置锐化参数后单击【确定】按钮完成锐化，以此提升清晰度，如图 5-73 所示。

图5-73

09　将【图层 2】和【图层 1】合并为新的图层。利用【对象选择工具】将鞋子抠出来，然后复制粘贴到新的【图层 3】中。

10　将【图层 3】转换为智能滤镜对象图层。在菜单栏中执行【滤镜】|Alien Skin|Eye Candy 7 命令，在弹出的 Alien Skin Eye Candy 7 对话框中选择【阴影】效果，单击【确定】按钮完成阴影的创建，如图 5-74 所示。

图5-74

至此，完成了男士休闲皮鞋的产品修图，精修结果如图 5-75 所示。

图5-75

5.4　白酒包装产品修图实例

本例要进行修图的是一款白酒的包装，主要是通过酒类产品的修图使大家学会分析原图中的缺陷，找出有针对性的解决方法。这款白酒产品虽是十多年前的产品，但修图过程中会用到各种修图技法，非常值得大家学习。

5.4.1　修图思路解析

图 5-76 所示，上图为白酒包装原图，下图为该包装的精修图。

产品原图

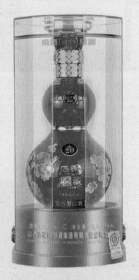

精修图

图5-76

通过观察原图，发现原图中的白酒产品有多处缺陷，相机拍摄的图是倾斜的，外包装的有机玻璃罩有许多反光，包装底座很脏，还有撕掉的纸屑痕迹，整个图像的对比度较差，使产品看起来很陈旧。

一般来说，若拍摄的图像是侧斜的，可以通过旋转、透视变形等操作将图像"扶正"。这样一来就可以参考原图重新绘制图像或在原图基础上进行修复。有机玻璃罩上有许多倒影和重叠影子，可以通过填充中性灰和画笔涂抹的方式进行擦除，也可以在原有基础上重新绘制图像进行叠加。比较脏的地方可以使用【污点修复画笔工具】进行处理，处理不了或者处理的效果不好，那么就重新绘制图像进行修复。比较复杂的图像尽量在原图基础上进行修复，没有必要全部重新绘制。

拍摄的原图由于相机的质量问题，拍摄得也不是很清晰，也需要通过调整对比度来调整图像，使其变得更加清晰，才会让整个产品的包装显得更加大气、品质高贵。具体修图技法在产品修图流程中详解。

5.4.2　产品修图流程

白酒包装的修图流程是先修正图像，然后调整图像的对比度和亮度，接着从上向下修复缺陷，特别是包装底座部分，可以在原基础上进行修复，也可以重新绘制。

1. 修正图像并调整对比度

01　启动 Photoshop，打开本例源文件夹中的"白酒 .jpg"文件。

02　将【图层】面板中的【背景】图层解锁。

03　从图像窗口的上方和左侧拖出标尺线，用于图像修正时的参考，如图 5-77 所示。

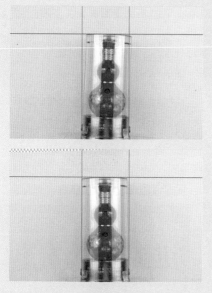

图5-77

04 但是相机拍摄产品的视角是有透视效果的，造成图像上部小、下部大，而我们的产品图需要上下视角一致，不至于使产品变形，所以还要继续利用菜单栏中的【编辑】|【透视变形】命令来变形图像，如图 5-78 所示。

图5-78

图5-79

> **技术要点：** 利用【透视变形】命令时，工具属性栏中的【版面】按钮是激活的，将 4 个变形图钉放置于图像的各个角点上，然后单击【变形】按钮并拖动图钉到标尺线上即可。

05 完成图像修正后将标尺线拖回标尺栏中隐藏。按快捷键 Ctrl+M 调出【曲线】对话框，通过调整曲线来调节图像的亮度和对比度，使图像中的文字及标志变得更加清晰可辨，如图 5-79 所示。

06 利用【钢笔工具】 ⊘.，沿着整个外包装绘制形状路径，并建立选区（建立选区时羽化半径为 0），再将选区中的图像复制（复制时需要选中【图层 0】）到新建的【图层 1】中，如图 5-80 所示。

图5-80

07 在工具箱中选中【裁剪工具】 ⊏.，将画布拉长，便于最后创建镜面倒影时有足够的空间，如图 5-81 所示。利用【油漆桶工具】 ◇. 填充【图层 1】的背景，得到如图 5-82 所示的白色背景。

图5-81

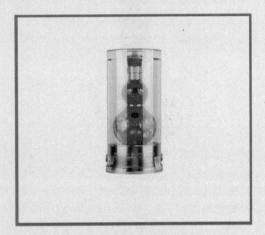

图5-82

2. 修复酒瓶上模糊的文字和标志

原图中，酒瓶上有许多文字、纹饰和标志，但看起来都比较模糊，需要处理一下。

01　复制【图层1】作为备份，避免在后续操作中出现不可逆的操作，难易恢复到原始状态。

02　按快捷键 Shift+Ctrl+N，新建【图层2】，如图5-83所示。

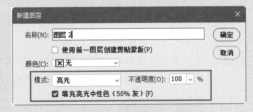

图5-83

03　选中工具箱中的【加深工具】 🖊，将画笔设置小一点儿，并对酒瓶上的"汾酒集团"4个字进行涂抹，此时会发现字迹越来越清晰，如图5-84所示。

图5-84

04　选中工具箱中的【画笔工具】 🖊，并设置画笔大小为195像素，不透明度为7%，然后对酒瓶中间的瓶身进行涂抹，使文字和商标明亮、清晰，效果如图5-85所示。

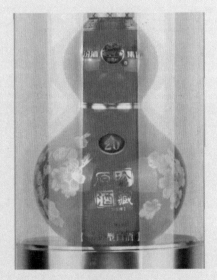

图5-85

05　虽然经过上述处理，文字和商标清晰了不少，但暗部的文字还是有些模糊，最后可以对【图层1】添加【智能锐化】效果，使整个白酒包装更加清晰，如图5-86所示。

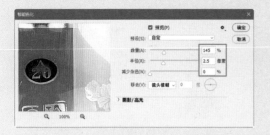

图5-86

06 瓶身底部的"清香型白酒"几个字迹不清晰，可以利用【修复画笔工具】 ✎ 擦掉文字重新绘制，文字颜色可以使用其同类文字的颜色，文字绘制后利用菜单栏中的【编辑】|【变换】|【变形】命令进行变形，结果如图5-87所示。

图5-87

3. 修复包装盒上部

包装盒上主要有重影、有机玻璃不透明和包装文字看不清的问题，下面逐一解决。

01 为了便于图层管理，新建一个名为"酒瓶"的组，将【图层1】复制到该组中，另外将【图层2】和文字图层也放置其中，如图5-88所示。

图5-88

02 选中【图层1】，利用【画笔工具】 ✎ ，用拾色器在包装盒中拾取颜色，并对最亮的部分进行涂抹，如图5-89所示。涂抹时不要超出范围（主要是高光范围和瓶身范围），随时调整画笔大小，此操作可以去除包装盒上的污渍和重影。

图5-89

03 两边的脏点不明显就不清理了，主要是两边的有机玻璃罩可以体现出玻璃材质的多层高光，如果重新绘制，会增加工作难度。

04 增强有机玻璃的透明度。要增强透明度，不是将材质变成透明，而是将里面的玻璃瓶的颜色由模糊变得清晰，这样就能使玻璃更透明了。利用工具箱中的【加深工具】 ✎ ，在包装盒上部进行涂抹，效果如图5-90所示。

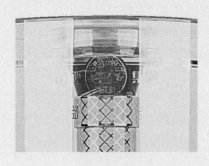

图5-90

图5-92

05　对瓶身部分进行操作，在【酒瓶】组中选中【图层2】，并利用【画笔】工具，用拾色器拾取酒瓶的颜色为前景色，然后进行涂抹，结果如图5-91所示。

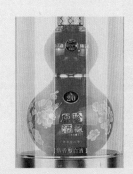

图5-91

06　最后处理包装盒顶部的文字和纹饰，由于高光太强了，导致无法看清，可以重新绘制文字。新建名为“包装盒”的图层组，然后利用【画笔工具】或【仿制图章工具】先清除文字，然后利用【横排文字工具】输入文字，并利用菜单栏中的【编辑】|【透视变形】命令对文字进行变形，结果如图5-92所示。

07　利用【椭圆工具】绘制椭圆形，将“杏花村”商标复制出来作为备用，如图5-93所示。

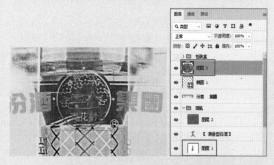

图5-93

08　利用【矩形工具】绘制矩形，建立选区后为【包装盒】图层组添加蒙版，如图5-94所示。

图5-94

09 利用【钢笔工具】 ✒ 绘制曲线，设置描边渐变填充和描边宽度，效果如图 5-95 所示。

图5-95

10 复制这条描边曲线，并稍微向下移动，修改描边宽度为 5 点，结果如图 5-96 所示。

图5-96

11 在【包装盒】组内将【图层 3】（杏花村商标层）置于顶层，效果如图 5-97 所示。

图5-97

4. 修复包装底座

01 新建名为"包装底座"的组。利用【钢笔工具】 ✒ 绘制形状，建立选区后选中【图层 1】，将底座上的厂标贴抠出来备用，如图 5-98 所示。

图5-98

02 将【图层 4】和【形状 4】合并为一个新的【图层 4】。利用【钢笔工具】 ✒ 绘制封闭形状，得到新的【形状 4】图层，如图 5-99 所示。

图5-99

03 为封闭形状设置渐变填充，各色标的颜色去底座上拾取，如图 5-100 所示。

图5-100

04 复制两份【形状 4】图层，并将拷贝的两份图层的模式设置为【柔光】，以此增强高光，可适当调低不透明度。先将几个形状图层栅格化，再进行合并，如图 5-101 所示。

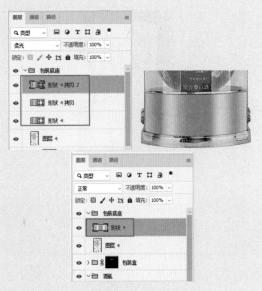

图5-101

05 利用【钢笔工具】✐绘制形状，并设置描边渐变填充（渐变填充的色标颜色与上一步绘制的【形状4】相同），描边宽度为11点，如图5-102所示。

图5-102

06 绘制文字，上层文字字体为"黑体"，下层字体为"可口可乐在乎体"，需要下载并安装该字体，如图5-103所示。

图5-103

07 右击文字图层，在弹出的快捷菜单中选择【混合选项】命令，弹出【图层样式】对话框，选中【斜面和浮雕】复选框，单击【确定】按钮完成文字的立体效果制作，如图5-104所示。同理为另一文字图层添加立体效果。

图5-104

08 利用【钢笔工具】✐绘制形状，渐变填充与上面的填充相同，如图5-105所示。

图5-105

09 与前面的图层操作相同，多复制几个形状图层，栅格化图层后再合并为一个图层。

10 利用【钢笔工具】✐绘制形状，填充单色并添加1像素的高斯模糊，如图5-106所示。

图5-106

11 复制这个形状图层，并向下平移，修改单色填充为渐变填充，填充色恰好与底座的渐变填充色相反，通过变形操作将形状向左右拉伸，结果如图5-107所示。

图5-107

12 利用【加深工具】和【减淡工具】对底座的暗部进行加深或减淡处理。

至此，完成了白酒包装的修图，最终精修效果如图5-108所示。

图5-108

第5章 箱包、鞋、酒类产品修图技法

第6章
服饰、珠宝类产品修图技法

服装、服饰及珠宝类产品在淘宝电商平台中属于同一类，这类产品的修图方法与其他，如电子产品、家电产品不同，特别是服装类商品，形状和细节都需要做出较大改动，也要体现出精致的质感。当然珠宝类产品更是要求极高，所以本章要介绍的产品修图技法能够让初学者学到很多服装类和珠宝类商品修图技巧。

6.1 高档男士西服产品修图实例

在电商平台中展示服装有一些基本要求，即服装外表要整洁、干净、对称、饱满，那么在 Photoshop 中如何满足这些要求呢？这需要设计师用极大的耐心来处理图像。我们都有从电商平台中购买衣物的经历，在商品展示页面中，每一件服装看起来都那么精神抖擞，可买回家中一看，实物跟商品图片差别极大，皱巴巴的，颜色也有差异，怎么看都不像页面展示的那种极致状态，如图 6-1 所示。

所以产品修图就显得极为重要。

商品详情页展示 　　　　　　　　　　　　拿到手的实物

图6-1

6.1.1　修图思路解析

本产品是一件某品牌的男士西服，搭配西裤一起销售，如图 6-2 所示。

图6-2

如图 6-3 所示为西服和西裤的精修图。

图6-3

设计师在修图之前要先对"西服"这个名词加以联想，把所有与西服相关的赞美词、形容词都理一遍，如"笔挺""西装革履""修身（身体修长）""线条流畅""彬彬有礼""大气""高贵"等。这些词语其实就是修图的基本思想，在拿到商家拍摄的原图之后，主要是看图片中的衣物有哪些与上述描述词不符之处，另外，还要根据现场拍摄的灯光、布景要求做出一定的调节，使修图几近完美。平面设计是一门艺术，设计师要多看一些与艺术相关的作品增强自身的艺术修养。

就本案作品而言，原图中的西服缺点还是比较多的。

首先是"修身"的问题，一般服装是参照服装模特来进行设计的，模特穿起来才好看，但模特身材都是很好的，若要修成胖子系列，估计都没有人愿意多看一眼。

其次，西服中由于光线问题看不清是否有"笔挺"问题，修图时要局部补光，不要全局打光，如果全局打光整个商品的层次感就没有了。

西服左右缺少对称性，修图时尽量做到左右对称，看起来更"大气"一些才好。袖子部分表现不如人意，修图的目的就是要让商品"活"起来，虽然没有人穿在身上，但修图一定要按照有人穿的状态进行修复。西服中的褶皱、脏点也要一一去除。

最后说说西裤，西裤上有许多褶皱，这与穿了脱下来的状态没有两样，影响了服装本身的品质。修图的重点就是修复裤子的褶皱、平整度等问题，另外裤子看起来很肥大，要修得"瘦"一些，与西服完美匹配。

6.1.2 产品修图流程

本例西服商品的修图顺序是先修西服部分，再修西裤部分。目的是熟练 Photoshop 中的相关工具，特别是【液化工具】和【操控变形工具】的应用。另外，还要用到【混合器画笔工具】来去除褶皱和脏点。

1. 西服、西裤的操控变形

在"修图思路解析"中已经对西服中的缺陷进行了剖析，下面详解修复过程。修图要有耐心

和细心，其实使用的工具也不多。

（1）产品抠图。

01　启动 Photoshop 2022，在菜单栏中执行【文件】|【打开】命令，将本例源文件夹中的"西服.PNG"文件打开。

02　利用工具箱中的【钢笔工具】 绘制西服、西裤及部分衣架的形状，此时系统自动建立新图层（"形状 1"图层）。建立选区后将选中【图层 0】进行复制，复制到新的【图层 1】中，如图 6-4 所示。

图6-4

03　载入选区，按快捷键 Shift+Ctrl+I 反选，再按

快捷键 Ctrl+Delete 填充背景色（为白色），如图 6-5 所示。

图6-5

（2）为西服整形。

西服左右两边严重不对称，当然这是由于摄像师拍摄角度的问题而引起的，整形时尽量使两边对称。衣物的整形有两种，一种是较大范围的调整，另一种是细节调整。大范围调整一般通过【操控变形工具】进行，细节调整则是通过【液化工具】进行。

技术要点: 本例其实也可以不用【操控变形工具】，直接用【液化工具】也能进行变形，只是为了展示【操控变形工具】的用法才这样操作的。

01 整形前，将参考线拉出来作为参考，如图 6-6 所示。

图6-6

02 可以看出左肩和右肩高低不平，可以旋转图像使两边保持水平（选中 3 个图层一起旋转），如图 6-7 所示。再多添加几条参考线，可帮助图像液化变形。

图6-7

03 选中【图层 1】，在菜单栏中执行【编辑】|【操控变形】命令，在工具属性栏中取消选中【显示网格】复选框，设置【扩展】值为 -11 像素，设置【密度】为【较多点】，其余选项保持默认。

技术要点: 如果图钉的间距过小而不能增加图钉时，可以先在工具属性栏的【扩展】框中设置扩展区域的值为 0 像素或负值，这样就能在密集的地方增加图钉了。

04 放置图钉，以左肩的形状为准，然后通过移动图钉和旋转图钉来改变左、右肩的形状，如图 6-8 所示。

图6-8

技术要点： 图钉是用于图形固定的工具，将不需要变形的地方放置图钉固定，要变形的地方也放置图钉，但可以拖动图钉来改变形状，按住 Alt 键可以旋转图钉以改变形状。

05 继续调整西服扣子的位置，使其在参考线上，以确保西服形状的左右对称，如图 6-9 所示。

图6-9

06 调整衣领的形状。之前添加的图钉不用取消，继续添加图钉在左右衣领上，然后进行形状调整，可以增加图钉细调衣领，如图 6-10 所示。调整时，可增加参考线。

图6-10

07 衣领修型后，接着修整腰部，腰部显得比较肥大，感觉不到"修身"，这里修型的是左侧腰部，右侧不用修整，因为腰型要左右对称才具美感，所以左侧修好后将其镜像复制到右侧拼合即可，左侧修型的结果如图 6-11 所示。

图6-11

08 左侧的袖子表现不完美，要感觉到是模特穿起来的样子才行，由于袖子的整形幅度较大，需要结束之前的操作。

09 先抠出西服的主体并建立选区，再将选区中的图像复制到新图层中。执行【操控变形】命令进行变形操作，在工具属性栏中选中【显示网格】复选框，设置【密度】为【较少点】，【扩展】值为 0 像素，对左侧袖子的修整结果如图 6-12 所示。

图6-12

10 再细致调整西服的下摆边缘和里面的白衬衫，

尽量修整得水平一些，结果如图 6-13 所示。

图6-13

（3）为西裤整形。

西裤部分主要是太松垮，感觉太肥大，因此修型时要修得细长、平整一些。

01　接着前面的操作，首先将西裤修窄，为使主体部分不受影响，在西裤上多添加几个图钉固定一下，西裤修型完成的结果如图 6-14 所示。

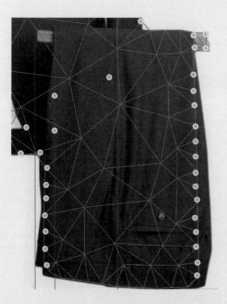

图6-14

技术要点：图钉移动后还能见到的形状是前面西服部分的图像，这里只是作为参考才没有将其隐藏。

02　最后修型西裤的上下边缘，如图 6-15 所示。结束操控变形操作，最终效果如图 6-16 所示。

图6-15

图6-16

2. 西服、西裤的液化变形

主体变形完成后，接下来就是细节处理了。使用【液化工具】变形时主要是控制画笔的大小和压力，一定要做到顺滑和平整，毕竟操控变形是大范围的变形，细节上还有很多不足之处，需要微调。

第6章　服饰、珠宝类产品修图技法

01 先将【图层 2】填充为白色（载入选区→反选选区→按快捷键 Ctrl+Delete）。

02 选中【图层 2】。在菜单栏中执行【滤镜】|【液化】命令，弹出【液化】对话框并进入液化滤镜模式。

03 在【液化】对话框右侧的【属性】面板中设置画笔大小和压力，特别是压力值要设置得小一些（15 左右，此值需要随时调整），可以增加边缘的圆滑度，首先修复左侧肩膀和手臂部分，将其修平整，如图 6-17 所示。

图6-17

技术要点： 液化时，画笔大小可以通过按键盘上的【、】键进行调整。如果输入法是中文输入法，就要先将中文输入法转换为英文输入法，然后进行画笔的快捷调整。另外，细节部分要将图像放大到极致才能处理，否则边缘看起来还是有"毛刺"。画笔的压力调整的快捷键是 Alt+→。

04 接着液化衣领及西服下摆部分，顺便将左侧的口袋调水平，如图 6-18 所示。

图6-18

05 最后液化西裤部分，如图 6-19 所示。

图6-19

3. 补右臂

前面操控变形和液化变形中没有及时对右臂进行处理，这是为了做到西服的左右对称，只能采用镜像复制方法。

01 利用【钢笔工具】将左肩及左臂部分抠出来，建立选区后进行复制，如图6-20所示。

图6-20

02 选中复制的图像，执行菜单栏中的【编辑】|【变换】|【水平翻转】命令进行翻转，然后平移到右侧，如图6-21所示。

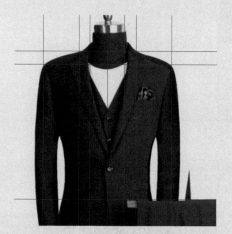

图6-21

03 将复制的图像（图层3）和【图层2】合并，如图6-22所示。

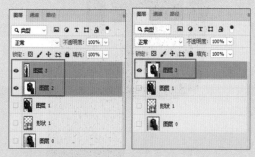

图6-22

04 利用【矩形选框工具】，绘制矩形选区，并为矩形选区填充前景色（白色），如图6-23所示。

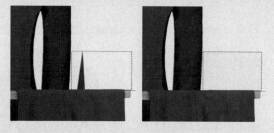

图6-23

05 从左肩复制过来的图像颜色与接壤的右肩颜色不符，有明显的差异，利用【仿制图章工具】，按Alt键吸取右肩原来的颜色（颜色稍浅的色）后，对复制的图像进行涂抹，使其成为一体，如图6-24所示。

图6-24

06 同理，对腰身处的差异颜色也进行处理，结果如图6-25所示。

图6-25

4. 清理脏点和褶皱

清理脏点可以使用内容识别填充的方法进行操作，也可以使用【污点画笔修复工具】【画笔修复工具】及【放置图章工具】等。而消除衣物上的褶皱方法则视衣物的材质而定，如有暗纹的衣物，可以使用内容识别填充的方法进行处理，

第6章 服饰、珠宝类产品修图技法

或者使用中性灰图层进行涂抹的方法来消除。如果面料光滑无暗纹，则可使用【混合器画笔工具】来处理。

01 首先清理褶皱。在菜单栏中执行【滤镜】|【Camera Raw 滤镜】命令，弹出 Camera Raw 14.0 对话框。

02 对当前图像进行调色处理，如图 6-26 所示。

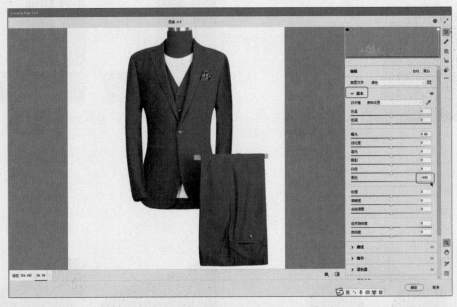

图6-26

技术要点： 不要用调整亮度及灰度的方法去调色，容易造成过曝光和杂点增多。

03 利用【套索工具】，先绘制出要消除褶皱的区域，在菜单栏中执行【编辑】|【内容识别填充】命令。

04 在菜单栏中执行【图层】|【新建】|【图层】命令，弹出【新建图层】对话框。新建柔光模式的图层，如图 6-27 所示。

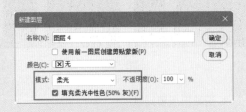

图6-27

05 将前景色和背景色设置成黑色和白色，然后利用【画笔工具】在图像中涂抹，涂抹时可随时切换前景色和背景色，并随时观察不透明度是否适合要求，处理结果如图 6-28 所示。

图6-28

技术要点： 也可以先用【套索工具】将左侧的口袋和竖直条纹选中，然后进行内容识别填充，这样也可以使褶皱有效去除。左右两边的口袋和竖直条纹最好是重新绘制，这个比较简单。西裤的褶皱是使用【混合器画笔工具】来完成的，其结果没有西裤原有的纹理。不过可以添加杂色来达到理想效果，鉴于篇幅限制，这里就不再过多介绍相关操作步骤了。

至此，完成了男士西服的产品修图。

6.2 男士风衣产品修图实例

本节再以一款男士风衣作为经典案例的进行修图讲解，上一个案例中由于衣物有暗纹，细节方面处理得不够细致。本例男士风衣是素装，没有暗纹，清理脏点和褶皱时比较容易。

6.2.1 修图思路解析

图6-29所示，左图为男士风衣原图，右图为精修后的效果图。

产品原图　　　　　　　　　精修效果图

图6-29

这款男士风衣的修图方法基本上与前面介绍的男士西服修图方法类似，只是所使用的工具不同，服装修图的方法不是一成不变的，需要根据商家所提供的产品图来决定采用何种方式。

就本例这款男士风衣原图来看，拍摄者不是专业的电商摄影师，可以说是随手拍摄的，有明显的取光问题，但可以通过 Photoshop 的修图功能完美解决。本例原图主要有 3 处较大的缺陷，一是体型不标准，没有收腰，显得比较臃肿；二是褶皱太多；三是摄像师打光不正确，上面亮下面暗，上下布光不一致。

6.2.2　产品修图流程

男士风衣的主要修图内容包括矫正图片、整形和除皱。

1.矫正图片

01　启动 Photoshop 2022，在菜单栏中执行【文件】|【打开】命令，将本例源文件夹中的"风衣.PNG"文件打开。

02　从标尺中拖出参考线，用作图片矫正参考，如图 6-30 所示。

03　在菜单栏中执行【编辑】|【变换】|【旋转】命令，旋转图片，如图 6-30 所示。

图6-30

技术要点： 执行菜单栏中的【旋转】命令仅是旋转所选图层中的图像，而按 R 键进行旋转时却是旋转整个场景的图像，包括多个图层和参数线，这是两种旋转的区别。

04　利用【选择对象工具】为风衣主体形状建立选区，执行【选择】|【修改】|【平滑】命令平滑选区，复制选区中的图像放在单独图层，然后将【图层0】暂时关闭，如图 6-31 所示。

技术要点： 利用【选择对象工具】建立选区时，若发现局部区域不能识别，可以单击工具属性栏中的【选择并遮住】按钮对选取进行细化，可以调整画笔大小来取消或添加细微之处的选区，这个方法要比用【钢笔工具】抠图效率高。

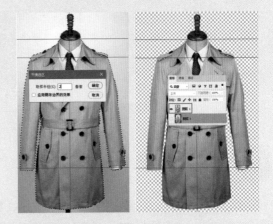

图6-31

2.为风衣整形

风衣的左右两侧不对称，中间的领带、衬衣领也是歪斜的，同时腰身也没有收，衣袖的形态也不对，针对这些问题都要进行修整。整形的原则是先整形自己认为比较规整的一侧，另一侧可以不管，只需要做镜像复制即可弥补缺陷。

（1）操控变形。

01　选中【图层1】，在菜单栏中执行【编辑】|【操控变形】命令，在工具属性栏中取消选中【显示网格】复选框，设置【扩展】值为0像素，设置【密度】为【较多点】，其余选项保持默认。

技术要点： 如果是常用【操控变形】命令，可以为其设置快捷键，即在菜单栏中执行【编辑】|【键盘快捷键】命令，打开【键盘快捷键和菜单】对话框，并为【操控变形】命令设置较为简单的快捷键，如图 6-32 所示。

图6-32

02　放置图钉，先对整体形状进行塑造，比如将风衣拉长或变窄，以及按照竖直参考线将风衣的左右对称轴找到，并拖动图钉进行调整，如图6-33所示。

图6-33

03 仔细观察左右衣袖，发现左侧衣袖的完整度要好于右侧衣袖，所以将左侧衣袖进行变形，如图6-34所示。

图6-34

04 添加图钉，将风衣的下半身拉长，让人感觉修长一些，拉长时按住Shift键的同时选中下方的所有图钉选中并进行整体拖曳，如图6-35所示。

图6-35

05 最后修整腰身，先修整左侧腰身，如图6-36所示。同理修整右侧腰身，此时发现右侧腰身比较规整，可以将其镜像复制到左侧，替换原来的左侧腰身，另外将衣袖还原到初始位置，等镜像复制完成后再修整袖子，如图6-37所示。

图6-36

图6-37

06 最后单击工具属性栏中的【提交操控变形】按钮 ✔，结束操控变形。

(2) 液化变形。

主体变形完成后，接下来就是细节处理了。

01 复制【图层1】，避免操作失误无法返回初始状态，然后将该图层关闭。

02 选中【图层1】图层。在菜单栏中执行【滤镜】

第6章 服饰、珠宝类产品修图技法

|【Camera Raw 滤镜】命令，弹出 Camera Raw 14.0 对话框，调色设置如图 6-38 所示。

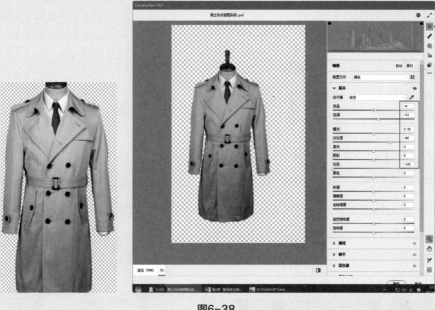

图6-38

03   在菜单栏中执行【滤镜】|【液化】命令，弹出【液化】对话框并进入液化滤镜模式。

04   在【液化】对话框右侧的【属性】面板中设置画笔大小和压力，首先修复腰带以上的部分，将其修平整，
      如图 6-39 所示。

图6-39

05   液化下半身，如图 6-40 所示，液化后暂时退出液化模式。

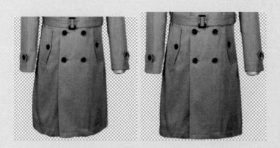

图6-40

（3）左右对称修复。

01 利用【钢笔工具】 ∅ 绘制形状，建立选区后
将其复制、水平翻转并平移，平移到左侧，如
图6-41所示。

图6-41

技术要点： 绘制钢笔形状时尽可能平滑，可以将
液化时不平滑的部分去掉。

02 在菜单栏中执行【编辑】|【变换】|【变形】
命令，对复制的选区进行变形，以符合左侧部
位的整体形状，如图6-42所示。

图6-42

03 在菜单栏中执行【选择】|【反选】命令反转选区，
然后利用【画笔工具】 ✎ 将边缘涂抹为白色，
如图6-43所示。

图6-43

04 利用【钢笔工具】 ∅ 绘制右侧的衣领及肩部
形状，建立选区后再将其复制、水平翻转并平
移到左侧，如图6-44所示。

图6-44

05 对复制的选区进行变形操作，如图6-45所示。

06 变形后对选区外的部分，利用【画笔工具】进
行涂抹，前景色要设置为风衣的布料颜色，
不能是白色，除非是边缘部分，涂抹结果如图
6-46所示。

图6-45   图6-46

07 在【图层】面板中进行图层合并操作，如图
6-47所示。

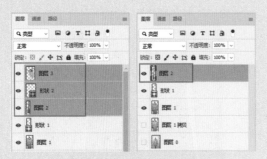

图6-47

08　修改【形状1】的路径形状，如图6-48所示。

图6-48

09　按住Ctrl键单击【形状1】图层的缩览图载入选区，重新将选区复制到新图层中，然后利用【画笔工具】涂抹选区外的部分，如图6-49所示。

图6-49

10　将4个图层合并，并命名为图层1，如图6-50所示。

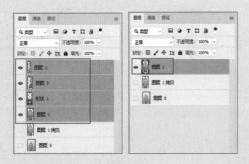

图6-50

11　利用【对象选择工具】重新抠出图像，得到【图层2】，如图6-51所示。将原【图层1】删除，再将复制的【图层2】重命名为【图层1】。

图6-51

12　对【图层1】进行操控变形，主要是变形左侧手臂部分，如图6-52所示。

图6-52

13　利用【钢笔工具】绘制左侧的手臂形状，建立选区后将选区外的部分（主要是手臂外侧边缘）涂抹掉，如图6-53所示。

图6-53

14 复制选区图像、水平翻转并平移到右侧，如图
6-54所示。

图6-56

3. 去除褶皱并补光

前面操控变形和液化变形中没有及时对右臂
进行处理，是为了做到服装的左右对称，只能采
用镜像复制方法处理。

图6-54

15 利用【画笔工具】将选区外的多余部分涂抹掉，
如图6-55所示。

01 利用【对象选择工具】建立主体图形的选区，
选区所在的【图层1】添加一个蒙版。利用工
具箱中的【混合器画笔工具】，按住Alt
键吸取肩部的原色，然后调整画笔进行涂抹，
如图6-57所示。

图6-55

16 在【图层】面板中合并图层，删除之前做备份
用的【图层1拷贝】，如图6-56所示。

图6-57

第6章 服饰、珠宝类产品修图技法

02 风衣上的针线被擦掉了，可以重新绘制。利用
【钢笔工具】绘制钢笔路径，并设置描边，
如图 6-58 所示。

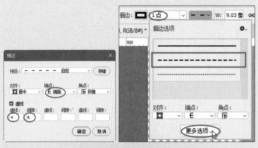

图6-58

03 复制形状图层，并将颜色设置为白色，用作表
示针线的反光。然后复制两个形状图层并移动
一定的距离，如图 6-59 所示。

图6-59

04 复制其中一个形状图层，修改描边颜色为黑色，
不透明度设置为 50%，然后对其添加高斯模糊
滤镜，效果如图 6-60 所示。为了便于图层管理，
将 4 个形状图层转为智能滤镜对象，目的是合
并图层但不会改变形状属性。

图6-60

05 按此方法，添加其他位置的针线，鉴于版面关
系，这里就不再展示了。

06 将之前添加的【图层 1】的蒙版删除（右击蒙
版选择【删除图层蒙版】命令），显示白色背
景色。新建【图层组 1】，将两个形状图层和
【图层 1】放置其中，载入主体选区，为【组 1】
添加蒙版，如图 6-61 所示。

图6-61

07 在菜单栏中执行【图层】|【新建】|【图层】
命令，新建一个柔光模式并填充中性色的图层，
如图 6-62 所示。

图6-62

08 利用【画笔工具】 ✐ ，调整前景色为黑色，画笔的不透明度为20%，然后对图像进行涂抹，得到风衣中的局部阴影和暗部光，以此增强层次感，效果如图6-63所示。

09 删除图层组的蒙版，还原背景色。为【图层1】添加智能锐化效果，至此完成了男士风衣的修图操作，效果如图6-64所示。

图6-63

图6-64

6.3 珠宝首饰产品修图实例

　　本例修图产品为珠宝饰品中的珍珠镶钻戒指。在本例中将详细介绍珍珠和宝石的精修过程，而铂金金属材质的表现在前面众多案例中已讲述过，可以借鉴。

6.3.1 修图思路解析

　　图6-65所示，左图为珍珠镶钻戒指的原图，右图为产品精修效果图。

珍珠钻戒原图

精修效果图

图6-65

首先分析修图原因，原图中的戒指缺陷分别是，珍珠光泽受环境影响较暗淡，铂金戒圈表面瑕疵多、显脏，宝石模糊、黯淡无光，整体质感欠佳。

在本例修图中，除了宝石不需要重新绘制，其他部件都要重新绘制。宝石部分如果锐化后情况有所好转，就不需要重新绘制了，如果锐化效果差，有一款珠宝首饰设计软件 RhinoGold，可自动生成任意形状的宝石，截图后载入 Photoshop 中进行合成即可。当然也有宝石的贴图可直接使用，更便捷、高效。

6.3.2　产品修图流程

本例珍珠镶钻戒指的修图内容包括绘制珍珠、戒圈和钻石三部分，下面介绍详细修图流程。

1. 修复珍珠和宝石

珍珠和宝石在 Photoshop 中重新绘制需要大量时间和精力，一般精修珠宝产品图都是在原图基础上进行修复的。

01 启动 Photoshop，打开本例源文件夹中的"珍珠 .png"文件。

02 利用【钢笔工具】 ，将珠宝首饰的主体形状绘制出来，右击并在弹出的快捷菜单中选择【建立选区】命令建立选区，然后通过复制选区将【图层 0】中的珍珠部分复制到新【图层 1】中，如图 6-66 所示。

图6-66

技术要点： 假如在按快捷键 Ctrl+C 复制和 Ctrl+V 粘贴图像时发现新图像与原图中的图形错位了，此时就要换一种粘贴图像方法，就是按快捷键 Ctrl+J 粘贴图层。

图6-67

03 选中【图层 1】，执行菜单栏中的【图像】|【调整】|【去色】命令，将图像的所有颜色去掉，结果如图 6-67 所示。

04 利用【混合器画笔工具】 ，擦除珍珠上的脏点（右下角），如图 6-68 所示。

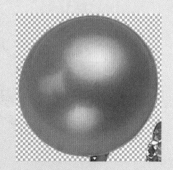

图6-68

05 利用工具箱中的【加深工具】 和【减淡工具】

，对珍珠进行透明处理，使其质感更加明显，效果如图 6-69 所示。

图6-69

06 利用【钢笔工具】将珍珠部分单独抠出来，另复制到新的【图层2】中，便于调色处理。选中【图层2】，按快捷键 Ctrl+B 调出【色彩平衡】对话框，调色设置及调色效果如图 6-70 所示。

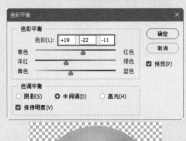

图6-70

07 在菜单栏中执行【文件】|【打开】命令，从本例源文件夹中打开"宝石.png"文件，然后将宝石拖入当前珠宝首饰设计窗口中，并通过【自由变形】和【变形工具】参照原图进行变形，同时还要复制一个宝石副本进行再次变形，为便于图层管理，将图层按照首饰的组成部分进行重命名，如图 6-71 所示。

技术要点：本书提供了大量的宝石图片，存储在本例文件夹中。这些宝石图片由热心网友提供，为此感谢他的无私奉献。

图6-71

2. 绘制爪镶

宝石需要爪镶或钉镶进行固定，爪镶或钉镶依托着珍贵的宝石。本例首饰是用爪镶的方式来固定宝石的，接下来详解爪镶部分的修图过程。

01 暂时关闭两个宝石图层。利用【钢笔工具】绘制爪镶形状，绘制后填充灰色，如图 6-72 所示。

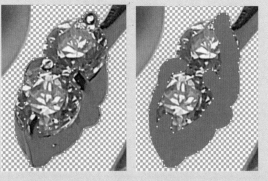

图6-72

02 将形状图层复制两份，然后每一个形状图层重新编辑形状，重命名3个形状图层为"爪镶1""爪镶2"和"爪镶3"。对"爪镶1"图层编辑形

第6章：服饰、珠宝类产品修图技法

状并重新填充渐变色，如图 6-73 所示。

图6-75

图6-73

图6-76

03 "爪镶 2"图层不变，编辑"爪镶 3"图层，如图 6-74 所示。

06 为上一步绘制的形状添加高斯模糊效果，如图 6-77 所示。继续在【组 1】中绘制形状并填充渐变色，接着添加高斯模糊效果，如图 6-78 所示。

技术要点： 针对【钢笔工具】绘制的形状，除了添加高斯模糊，也可以直接在形状的属性面板中设置【羽化】，其羽化效果与高斯模糊效果完全相同。

图6-74

04 新建图层组 1，将【爪镶 1】图层放置在【组 1】中，载入爪镶 1 的选区，再给【组 1】添加蒙版，如图 6-75 所示。

05 利用【钢笔工具】 ✍ 绘制爪钉的形状并填充渐变色，如图 6-76 所示。

图6-77

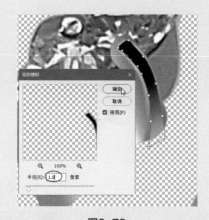

图6-78

07 利用【钢笔工具】 ✐ 绘制下方的爪钉形状并填充渐变色，将得到的【形状4】图层复制2个作为备用，然后为【形状4】图层添加高斯模糊效果，如图6-79所示。

图6-79

08 将复制的【形状4拷贝】图层的填充色改变为白色，并稍微向左平移，形成边缘反光。将【形状4拷贝】图层置于【形状4】图层下方，效果如图6-80所示。

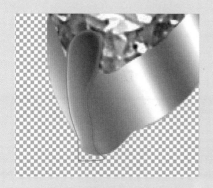

图6-80

09 编辑【形状4拷贝2】的形状和填充色，并设置羽化效果，如图6-81所示。

图6-81

10 复制【形状4拷贝2】图层得到【形状4拷贝3】图层，并重新编辑形状和填充色，效果如图6-82所示。

图6-82

11 利用【钢笔工具】 ✐ 绘制爪钉上的高光，【羽化】值为0.6像素，如图6-83所示。

图6-83

12 继续绘制钢笔形状，设置描边色为渐变色，得到【形状6】图层，如图6-84所示。复制【形状6】图层得到【形状6拷贝】图层，修改描边渐变色为白色，设置【羽化】值为0.4像素，效果如图6-85所示。

图6-84

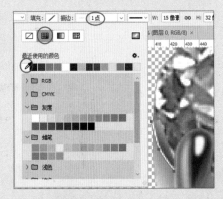

图6-85

13 将【形状6】图层和【形状6拷贝】图层同时置于【形状4拷贝】图层的下方,如图6-86所示。

图6-86

14 继续绘制钢笔形状,设置描边色为渐变填充,得到【形状7】图层,如图6-87所示。绘制形状时将【宝石2】图层显示。

15 复制【形状7】图层得到【形状7拷贝】图层,修改描边渐变色,设置【羽化】值为0.1像素,

效果如图6-88所示。

图6-87

图6-88

16 在【图层】面板中将【爪镶2】图层显示,拖动【爪镶2】图层到【图层】面板底部的【创建新组】按钮上,即可创建图层【组2】,【爪镶2】图层自动置于组中,如图6-89所示。

图6-89

17 修改【爪镶2】的填充色为渐变色，如图6-90所示。

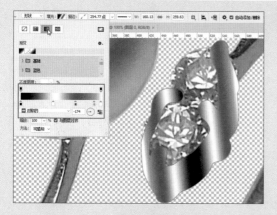

图6-90

18 利用【钢笔工具】✐绘制形状，设置描边色为渐变色，得到【形状8】图层，如图6-87所示。绘制形状时将【宝石2】图层显示，如图6-91所示。

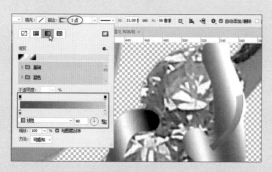

图6-91

19 复制【形状8】图层得到【形状8拷贝】图层，修改描边色为渐变色，设置【羽化】值为0.1像素，效果如图6-92所示。

图6-92

20 利用【椭圆工具】◯绘制椭圆形并填充黑色，得到【椭圆1】图层，如图6-93所示。

图6-93

21 复制【椭圆1】图层得到【椭圆1拷贝】，并将其放大一些，设置填充色为白色，添加高斯模糊（模糊半径为2像素）效果，最后将其置于【椭圆1】图层之下，如图6-94所示。

图6-94

22 再复制【椭圆1】图层得到【椭圆1拷贝2】，并将其缩小一些，设置填充色为白色，添加高斯模糊（模糊半径为0.5像素）效果，最后将其置于【椭圆1】图层之上，如图6-95所示。

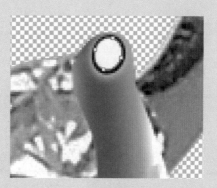

图6-95

23 在【图层】面板中为【爪镶 3】图层添加父级别的图层【组 3】。利用【钢笔工具】✐ 绘制形状，设置填充色为白色，羽化为 2 像素，得到【形状 9】图层，如图 6-96 所示。

图6-96

24 将【组 2】中的【椭圆 1】和【椭圆 1 拷贝 2】图层复制到【组 3】中，再平移到【形状 9】上，如图 6-97 所示。

图6-97

25 复制平移后再修改形状，将椭圆形变成圆形，如图 6-98 所示。

图6-98

26 利用【钢笔工具】✐ 绘制形状，设置填充色为黑色，羽化为 0.2 像素，得到【形状 10】图层，如图 6-99 所示。

图6-99

27 在【图层】面板中首先删除【组 1】的蒙版（右击蒙版选择【删除图层蒙版】命令），在【组 1】中，将【形状 7】图层和【形状 7 拷贝】图层置于【形状 6 拷贝】图层的上方，接着将【宝石 2】图层拖入【组 1】中，并置于【形状 4 拷贝】图层的下方，如图 6-100 所示。

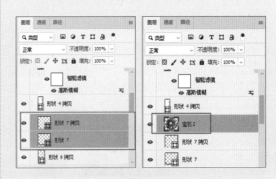

图6-100

28 由于删除了蒙版，【形状 2】和【形状 3】就显示出来了，将这两个图层合并，然后进行变形操作，如图 6-101 所示。

图6-101

29 将【宝石1】图层置于【组2】和【组3】之间，至此完成了爪镶和宝石的修图操作，如图6-102所示。

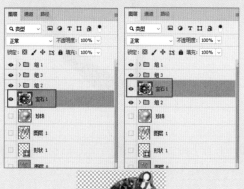

图6-102

3. 绘制戒圈

戒圈的绘制相对比较简单，主要是调色和高光的表现。

01 复制【图层1】作为备份。选中【图层1】图层并按住Ctrl键载入选区，然后在菜单栏中执行【编辑】|【填充】命令，调出【填充】对话框。设置填充内容为【颜色】，然后通过拾色器拾取戒圈原图中的灰色进行填充，如图6-103所示。

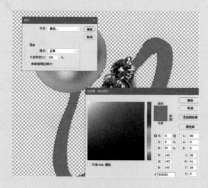

图6-103

02 为【图层1】添加父级别的图层【组4】，如图6-104所示。

图6-104

03 载入【图层1】的选区，为【组4】添加图层蒙版。

04 利用【钢笔工具】 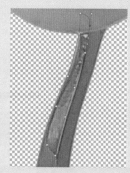 绘制形状，设置填充色为渐变色，羽化为0.2像素，得到【形状11】图层，如图6-105所示。

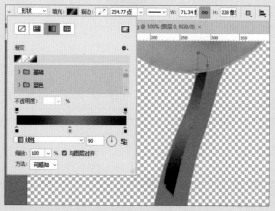

图6-105

05 继续绘制钢笔形状12，设置描边宽度为1点，描边色为渐变色，如图6-106所示。

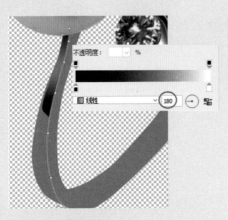

图6-106

图6-109

06 复制【形状12】，设置描边为渐变色，如图
6-107所示。将【形状12拷贝】图层置于【形
状11】图层的下方。

图6-107

07 利用【钢笔工具】 🖊 绘制【形状13】，设置
填充色为白色，设置羽化为4像素，效果如图
6-108所示。

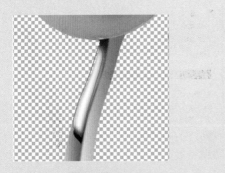

图6-108

08 先复制【形状12】并向左平移，然后修改形状，
设置【羽化】值为3像素，效果如图6-109所示。

09 利用【钢笔工具】 🖊 绘制【形状14】，设置
填充色为浅灰色，效果如图6-110所示。

图6-110

10 复制【形状14】，得到【形状14拷贝】图层，
修改形状及渐变填充，然后将其置于【形状
14】图层的下方，如图6-111所示。

图6-111

11 复制【形状14】的两个拷贝图层，修改填充色
和描边，一个图层为黑色，另一个图层为白色，

描边宽度为 1 点, 白色的图层稍微向左偏移,
效果如图 6-112 所示。

图6-112

12 利用【钢笔工具】 ⌀ 绘制【形状 15】, 填充黑色,
如图 6-113 所示。

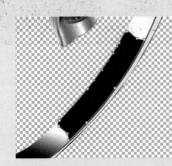

图6-113

13 复制【形状 15】, 将形状缩小, 再填充白色,
并设置羽化, 效果如图 6-114 所示。

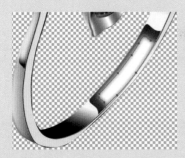

图6-114

至此, 戒圈绘制完成, 结果如图 6-115 所示。

图6-115

4. 精修暗部、高光及投影

01 除【图层 0】【形状 1】和【图层 1 拷贝】外,
将戒指的所有图层复制一份, 放置在一个新建
的组中, 重命名为 "戒指"。将戒指的图层合并,
并命名为 "珍珠戒指", 如图 6-116 所示。

图6-116

02 利用【加深工具】和【减淡工具】对戒圈进行
涂抹, 涂抹出暗部及高光, 以增强层次感, 如
图 6-117 所示。

图6-117

技术要点： 整个戒圈的暗部，除了可以使用【加深工具】和【减淡工具】，效果最真实的还是钢笔路径，设置黑色后，再添加羽化或高斯模糊效果，并设置图层的不透明度。

03　利用【选择对象工具】识别【珍珠戒指】图层的主体图形并载入选区，复制到新的【图层2】中。将【珍珠戒指】图层用【油漆桶工具】添加白色背景。

04　将复制的【图层2】转为智能滤镜图层，在菜单栏中执行【滤镜】|Alien Skin|Eye Candy 7命令，接着在弹出的 Alien Skin Eye Candy 7 对话框中选择【阴影】效果，单击【确定】按钮完成阴影的创建，如图 6-118 所示。

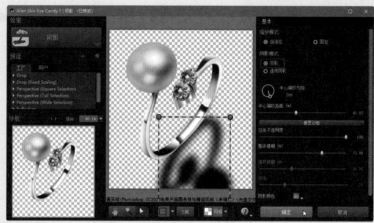

图6-118

至此，完成了本例珠宝首饰的精修，效果如图 6-119 所示。

图6-119

第7章
生活日用品修图技法

生活日用品是我们日常生活中所用的生活消耗品，在网店中涉及售卖的有拖把、挂架、纸巾盒、垃圾桶、收纳箱、雨伞、缝纫机、牙膏牙刷等。本章就以常见的生活日用品为例，详细介绍在产品图精修实例中的具体操作技巧。

7.1 旋转拖把产品修图实例

本例对象是一款日常生活中所使用的居家用品——旋转拖把，该产品不是什么大品牌的，所以电商就给了一张实拍图。介绍这款产品的修图过程，主要是想通过此例可以让大家学习到这类产品的修图思路。

7.1.1 修图思路解析

不同类型的产品有不同的修图考量，就本例产品而言，并不是简简单单地处理一下图片，也不是完全否定实拍图，只是觉得实拍图中有哪些不足之处，我们要找出来并加以修正，这就是本例拖把修图的精髓。图7-1所示为旋转拖把的实拍原图和精修产品图。

实拍图

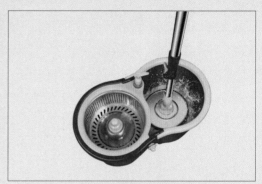
精修产品图

图7-1

仔细观察实拍图，首先背景与桶框的颜色接近，使塑料桶的反射光及漫射光显得有些杂乱且不明显，使原本的塑料光泽度变差了，如图7-2所示。塑料框除了边缘位置的光泽问题，还包括洗涤装置中的塑料光泽问题，需要把凌乱的反光修成清新的漫射光。

桶边框

修图后的效果

图7-2

其次是脱水装置的金属件的质感问题，无规则的反射光和漫射光使金属件看起来很脏，金属质感的干净、整洁没有体现出来，也需要修复，如图7-3所示。

图7-3

　　第三就是拖把的问题，拖把的塑料部分修图时可以保留原样，但金属手把部分必须重新修图，与脱水装置的金属质感的修复方法是相同的，另外本例修图的产品是旋转拖把，既然是旋转的，最好能让产品的"静"转变为"动"，也就是添加水的喷溅效果，这样既能增强视觉冲击力，还能提升买家对产品的认同感，如图 7-4 所示。

图7-4

7.1.2　产品修图流程

　　针对修图思路中提出的几个问题，接下来一一进行修复。请大家记住，原图中若有表现好的材质和光泽要尽可能地保留下来，以此可提高修图效率。本例的旋转拖把产品主要修复的位置有 4 个：塑料边框的光泽度、脱水装置和金属拖把及洗涤装置。

1. 抠图

　　由于本例产品修图的要求是部分修复，而不是全部，所以这里需要将要修复的对象一一抠图出来，以避免误操作。比如，使用画笔涂抹边缘时，可能会擦掉要保留的区域。

01　启动 Photoshop 2022，在菜单栏中执行【文件】|【打开】命令，将本例源文件夹中的"旋转拖把 .jpg"文件打开。

02　解锁【图层 0】。为了使图像更高清，先修改画布和图层的尺寸，两者保持相同的尺寸即可，如图 7-5 所示。

图7-5

03　利用【钢笔工具】将旋转拖把产品的形状绘制出来，然后建立选区并复制产品图像到新图层中，如图 7-6 所示。

图7-6

04　在【图层 1】中绘制形状并抠图，首先把将除边框外的其他部分抠出来，如图 7-7 所示。

图7-7

05　继续从【图层 2】中抠出脱水装置，如图 7-8 所示。

图7-8

06　从【图层 2】中将拖把部分抠出来，如图 7-9 所示。

图7-9

07　为便于图层管理，将【图层 4】和【形状 4】合并为一个图层，并命名为"拖把"。将【图层3】和【形状3】合并为一个图层，并命名为"脱水装置－桶"。将【图层2】和【形状2】合并为一个图层，并命名为"洗涤装置"。将【图层1】和【形状1】合并为一个图层，并命名为"桶边框"，如图7-10所示。

图7-10

08 虽然各部件的图层及名称都处理完成了，但是【洗涤装置】图层和【桶边框】图层的图像还要进一步抠出不要的图形。选中【桶边框】图层，然后按住Ctrl键再单击"洗涤装置"图层的缩览图载入选区，并在菜单栏中执行【编辑】|【清除】命令，将洗涤装置部分的图形移除，即得到完整的桶边框图像，如图7-11所示。

图7-11

09 按照步骤8的操作，在【洗涤装置】图层中，先后将【拖把】的选区和【脱水装置－桶】的选区清除，得到洗涤装置（被拖把遮挡仅能看见桶壁）和白色盖子的图像，如图7-12所示。

10 利用【钢笔工具】将白色盖子的图像绘制出来，如图7-13所示。

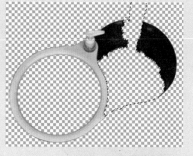

图7-12

图7-13

11 将复制的选区转移到新的【图层1】中，将【形状1】图层和【图层1】合并，并命名为"脱水装置－盖"，如图7-14所示。

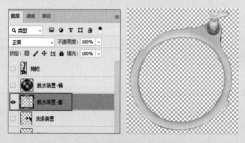

图7-14

12 在【洗涤装置】图层中，将【脱水装置－盖】图层的选区移除，得到洗涤装置图像，如图7-15所示。

图7-15

第7章 生活日用品修图技法

13 从【桶边框】图层中可以看出，旋钮很脏，需要单独抠图出来进行细节处理，将新图层命名为"旋钮"，然后从桶边框中移除旋钮的选区图像，如图7-16所示。

接着将【桶边框】图层中的下半部分的桶形状给单独抠出来，因为这部分的反光欠缺，分不清边框和桶的边界，抠图结果如图7-18所示。

图7-18

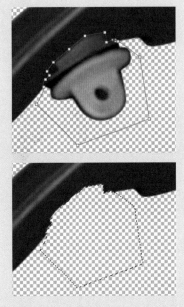

图7-16

注意：如果抠图时发现与原来的图像位置不重合，或者图像有变化，可以复制【桶边框】图层，反向选区后再进行选区清除，同样可以得到旋钮的图像。

14 仔细分析【桶边框】图层中的图像，有没有存在很脏的地方，如果有就需要抠出来重新上色做材质表现，结果发现白色边框的边缘有很多蓝色，这是由于原图的背景是蓝色的，反射光导致的问题，所以白色边框需要单独抠出来，如图7-17所示。

16 将抠出来的图层命名为"桶身"，原【桶边框】图层重命名为"桶边框-蓝色"。图层按照从下至上进行排序，如图7-19所示。

17 为了使背景与图像形成鲜明的对比，便于观察图形，可以新建图层（命名复制的图层为"背景"），然后利用【油漆桶工具】 填充图层为白色，如图7-20所示。

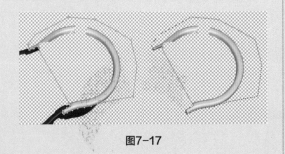

图7-17

15 将抠出白色边框的新图层命名为"白色边框"。

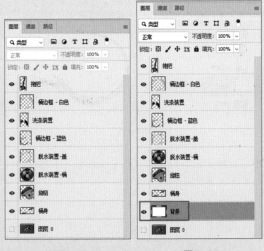

图7-19   图7-20

2. 修复塑料边框的光泽度

修复塑料边框的光泽度包括边框的修复和洗涤装置框的修复。修复塑料框的光泽度主要是在原有塑料上将光泽度增加，擦掉不规则的反光，留下比较好的高光反射。

（1）修复桶身图像。

01 在【图层】面板中关闭除【桶身】图层外的其他图层。

02 按住 Ctrl 键选中【桶身】图层缩览图载入选区，然后在菜单栏中执行【编辑】|【填充】命令，弹出【填充】对话框。在【内容】下拉列表中选择【颜色】选项，然后在弹出的【拾色器】对话框中输入颜色的 RGB 值，单击【确定】按钮完成颜色的填充，如图 7-21 所示。

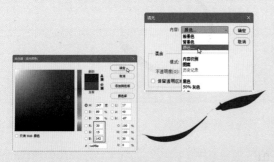

图7-21

03 利用【减淡工具】，画笔从大到小进行涂抹，刷出桶身的高光反射，查看效果时可以显示【桶边框 - 蓝色】图层和【桶边框 - 白色】图层一起进行对比观察，如图 7-22 所示。

图7-22

（2）修复蓝色边框。

01 显示【桶边框 - 蓝色】图层，关闭其他图层。

为【桶边框 - 蓝色】图层建立一个组，命名为"桶边框 - 蓝色"，如图 7-23 所示。

图7-23

02 利用【钢笔工具】绘制高光路径，如图 7-24 所示，绘制后关闭【形状 1】图层。

图7-24

03 利用【套索工具】，将原图中的高光部分圈出，然后右击并在弹出的快捷菜单中选择【内容识别填充】命令，将高光部分消除，如图 7-25 所示。

图7-25

04 显示【形状1】图层并激活【钢笔工具】，设置描边色为渐变色、描边宽度为5点，羽化为2.5像素，效果如图7-26所示。

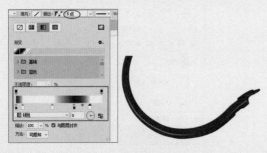

图7-26

05 同理，对内部的高光也进行相同的处理，先消除原有高光（若是能完全遮盖住原有高光，也可以不消除），再重新绘制形状并渐变填充（修改描边宽度为3），如图7-27所示。

图7-27

（3）修复白色边框。

01 显示【桶边框-白色】图层，为其建立父级组，并命名为"桶边框-白色"。

02 利用【减淡工具】 ，调整画笔大小和曝光度，然后涂抹边框，使边框变亮、变干净，如图7-28所示。

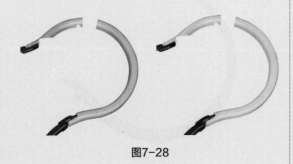

图7-28

03 去除边缘的杂色。在菜单栏中执行【滤镜】|【Camera Raw滤镜】命令，弹出Camera Raw 14.0对话框。在【配置文件】下拉列表中选择【单色】选项，再单击【确定】按钮关闭对话框，即可完成杂色的去除，如图7-29所示。

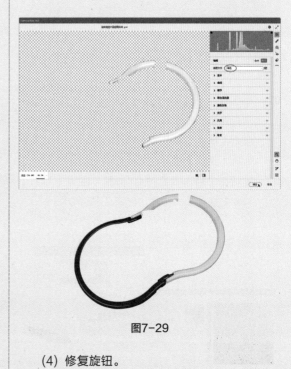

图7-29

（4）修复旋钮。

01 显示【旋钮】图层，为该图层添加一个父级组。

02 执行【Camera Raw滤镜】命令，将颜色改为单色显示，如图7-30所示。

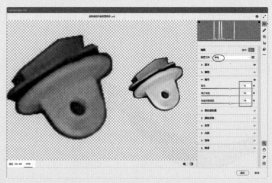

图7-30

03 按住Ctrl键单击【旋钮】图层，载入旋钮图像的选区，在菜单栏中执行【选择】|【修改】|【收

缩】命令，选区收缩1像素，如图7-31所示。

图7-31

04 反转选区，执行【编辑】|【消除】命令，消除旋钮外的黑色边缘，如图7-32所示。

图7-32

05 利用【减淡工具】🔍涂抹旋钮，增加亮度，如图7-33所示。

图7-33

06 利用【椭圆工具】⬭绘制椭圆形，并填充为白色，如图7-34所示。

图7-34

07 复制椭圆形图层，将复制的图层置于椭圆形图层之下，改变填充色为灰色，再平移该图层，效果如图7-35所示。再结合桶边框看效果，如图7-36所示。

图7-35

图7-36

3. 修复脱水装置

脱水装置包括盖和桶两部分。脱水装置的修复过程和【桶边框－白色】图层的图像修复方法是相同的。

01 显示【脱水装置－盖】图层，在菜单栏中执行【滤镜】|【Camera Raw 滤镜】命令，在弹出的 Camera Raw 14.0 对话框的【配置文件】下拉列表中选择【单色】选项，然后设置【对比度】及【黑色】等选项，再配合【桶边框－蓝色】图层看效果，如图7-37所示。

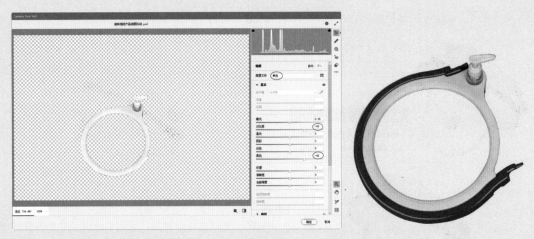

图7-37

02 显示【脱水装置－桶】图层。在菜单栏中执行【滤镜】|【Camera Raw 滤镜】命令，在弹出的 Camera Raw 14.0 对话框的【配置文件】下拉列表中选择【单色】选项，然后设置对比度及颜色等选项，再配合【桶边框－蓝色】图层和【脱水装置－盖】图层看效果，跟原图相比，调色和去杂色后，效果不错，无须重新绘制了，如图 7-38 所示。

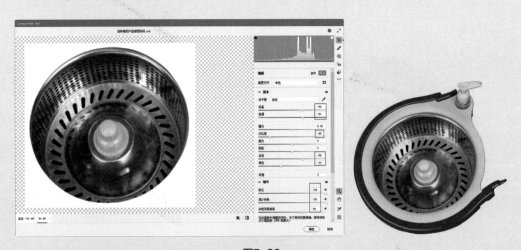

图7-38

03 但是，桶中若是放大观察，会发现有很多杂色，可以用【污点修复画笔工具】✍进行清理，然后再利用【减淡工具】和【加深工具】使强光部分减淡，使暗部区域变亮一点儿，让整个桶身看起来更加协调、柔和，效果如图 7-39 所示。

图7-39

04 如果需要重新绘制矩形阵列的圆孔侧壁，可以先在矩形中绘制圆孔，然后进行阵列，在这之前需要为【脱水装置－桶】图层建立父级组，如图7-40所示。

2355像素×300像素

提示：矩形的长度是根据周长求得的

图7-40

> **技术要点：** 这个矩形的尺寸是怎么来的呢？首先是参照原图中桶的边缘绘制一个圆形，圆形的直径是750像素，根据周长公式得到3.14×750=2355。矩形的宽度是按照圆孔变形的程度来估算的，估计为300像素。矩形中的圆孔画法是，先在原图中参照孔绘制椭圆并填充黑色，然后竖向复制8个（共9个），将这几个椭圆形合并成一个图像，然后向左及向右复制，每一个椭圆形就会产生一个图层，所以在复制多个椭圆形时要及时行合并图层，避免出现几十个图层难于管理的问题。最后将矩形和圆孔图层右击进行【栅格化图层】操作，合成一个图层，切记不要合并形状。

05 利用变形插件（PS插件集合中自带），将合并的形状进行初次变形，在菜单栏中执行【滤镜】|Flaming Pear|Flexify 2命令，弹出Flexify 2对话框并进行相应的调整，如图7-41所示。

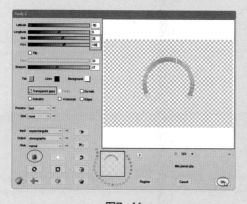

图7-41

06 初次变形后，再执行菜单栏中的【编辑】|【变换】|【扭曲】命令，继续变形，如图7-42所示。如果变形不够，再执行【编辑】|【变换】|【变形】命令，继续微调，直至满意为止。

图7-42

07 为组添加一个蒙版，减掉多余部分，如图7-43所示。重新绘制金属桶的边缘，把变形的孔遮住即可。

图7-43

08 下面介绍底盘上的孔的阵列方法。这个阵列是圆形阵列，需要一些技巧才能完成。首先按照原图利用【椭圆工具】○绘制一个650像素×650像素的正圆形，对圆形进行灰色填充，如图7-44所示。

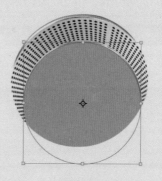

图7-44

09 利用【钢笔工具】 ✎ 绘制形状，填充黑色，如图7-45所示。

图7-45

10 下面的操作是将形状绕圆形的中心点进行环形阵列。那么就要确定圆形的中心点位置。方法是：选中椭圆，执行【编辑】|【自由变换】命令，在工具属性栏中选中【切换参考点】复选框，此时圆形中显示中心点，如图7-46所示。

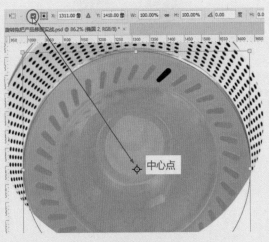

图7-46

11 显示圆心后，如果要绘制形状，都会自动显示中心点。拖两条参考线到中心点上，以此作为参考，如图7-47所示。

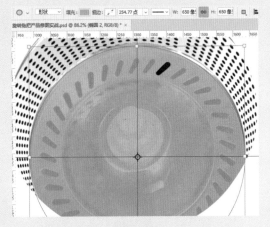

图7-47

12 右击形状图层将其转换为智能对象，再在菜单栏中执行【编辑】|【自由变换】命令（或按快捷键Ctrl+T），此时形状中间显示参考点，将参考点拖至参考线的交点上，如图7-48所示。

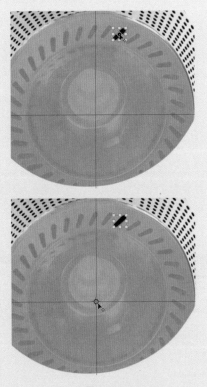

图7-48

13 在工具属性栏中输入角度为9度，单击【确定】按钮 ✔ 完成变换操作，如图7-49所示。

Photoshop 2022淘宝天猫电商产品图精修从新手到高手

14 按快捷键 Shift+Ctrl+Alt+T，总共要 36 个图形，要按 35 次快捷键，最终得到想要的圆形阵列，每一个图形是一个图层，所以要将这 36 图层合并，如图 7-50 所示。

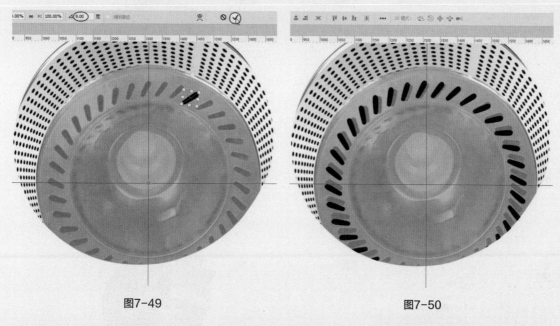

<table>
<tr><td>图7-49</td><td>图7-50</td></tr>
</table>

15 最后参照原图对阵列的图形进行变形即可，这里就不再介绍详细步骤了。以上步骤为重新绘制桶的过程，但在本例中还是采用修复原图的方式进行操作。

4. 修复金属拖把及洗涤装置

(1) 修复洗涤装置。

01 仅显示【洗涤装置】图层，为该图层创建组，并命名为"洗涤装置"。

02 载入【洗涤装置】图层的选区，按快捷键 Shift+F5（填充命令）为选区填充洗涤装置原有的蓝色，如图 7-51 所示。

图7-51

03 按快捷键Ctrl+D取消选区，并为【洗涤装置】组添加蒙版。绘制形状填充白色，设置羽化和图层不透明度，效果如图 7-52 所示。

图7-52

04 同理，复制上一步骤绘制的形状图层，修改形状并平移到下方，修改图层不透明度和羽化值，效果如
图 7-53 所示。

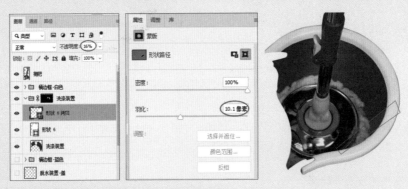

图7-53

(2) 修复金属拖把。

01 仅显示【拖把】图层，并为其创建组，命名为"拖
把"。载入拖把的图层选区，为【拖把】组添
加蒙版。利用【钢笔工具】 将拖把上的固
定扣抠出来并另存图层（命名为"固定扣"），
如图 7-54 所示。

矩形，并设置渐变填充，如图 7-55 所示。

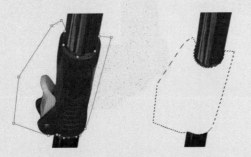

图7-54

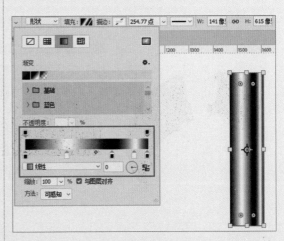

图7-55

02 先在【拖把】组外利用【矩形工具】 绘制

03 栅格化矩形图层，将矩形图层拖入【拖把】组

置于【固定扣】图层之下，利用自由变形和扭曲变形操作，将矩形移至手柄上并与其重合，如图7-56所示。

图7-56

04 将手柄下方的拖帕部分抠出来，新图层命名为"拖帕"，如图7-57所示。

图7-57

05 复制【矩形1】图层，将复制的图层置于【拖帕】图层的下方，再次进行变形操作，结果如

图7-58所示。

图7-58

06 将原【拖把】图层删除，因为图层内没有可用的零部件图像了。为便于图层管理，将【矩形1】图层重命名为"手柄1"，将【矩形1拷贝】图层重命名为"手柄2"，制作完成后的手柄效果如图7-59所示。

图7-59

07 从【拖帕】图层中将手柄与拖帕之间的铰链结抠出来，并将复制选区得到的图层命名为"铰链结"，如图7-60所示。

第7章 生活日用品修图技法

图7-60

07 重新绘制拖帕上的金属盘。在【图层】面板中仅显示【拖帕】图层，其余图层暂时关闭。

08 利用【椭圆工具】⬭绘制【椭圆3】，设置填充色，如图7-61所示。

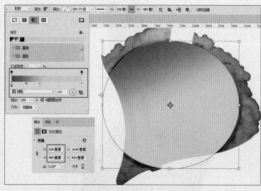

图7-61

09 复制【椭圆3】，按住Alt键将其整体缩放，并修改渐变填充和描边，如图7-62所示。

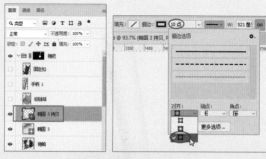

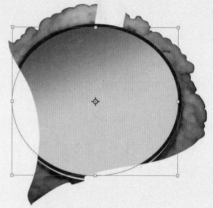

图7-62

10 复制【椭圆3拷贝】图层得到【椭圆3拷贝2】图层，并稍微向下移动，如图7-63所示。

图7-63

11 再次复制【椭圆3拷贝】图层，得到【椭圆3拷贝3】图层，修改描边方向和颜色，如图7-64所示。

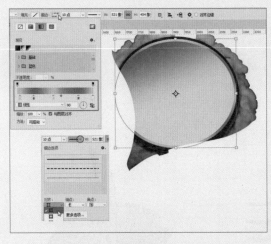

图7-64

12 选中以上绘制并复制的 4 个椭圆图层并进行复制，然后进行整体缩放，结果如图 7-65 所示。

图7-65

13 仅修改【椭圆 3 拷贝 5】图层的填充色为渐变填充即可，效果如图 7-66 所示。将所有椭圆形图层（转换为智能对象）合并为一个图层，重命名为"金属盘"。

图7-66

14 将【手柄 2 图层】置于【金属盘】图层的上方，再将其他组件图像打开并观察，看看是否正确，不正确可调整图层的顺序，如图 7-67 所示。

图7-67

15 将【铰链结】图层进行 Camera Raw 滤镜操作，并将【固定扣】图层进行智能锐化，最终效果如图 7-68 所示。

图7-68

5. 制作液体喷溅效果

水溶液的喷溅效果可以使原本静止的图像"动起来"，这种特效是用一种画笔笔刷刷出来的效果，需要安装笔画文件才能制作。

技术要点：本例源文件夹中提供了免费的画笔笔刷文件，画笔笔刷文件中就包含了水喷溅效果的笔刷文件 wings of water.abr。画笔笔刷安装方法为，按 F5 键打开【画笔设置】面板，切换到【画笔】选项卡，在面板的右上角单击 ≣ 按钮，在弹出的选项菜单中选择【导入画笔】选项，即可从画笔笔刷文件的路径中导入笔刷文件。

01 在【图层】面板中，新建【图层1】，将其置于【洗涤装置】组和【桶边框－白色】组之间，如图 7-69 所示。

02 设置前景色为浅蓝色。在工具箱中选中【画笔工具】 ✐ ，按 F5 键打开【画笔设置】面板。切换到【画笔】选项卡中，在 Rons Hydro Explosion 笔刷文件夹中选择一种水花笔刷，设置笔刷的大小为 700 像素，然后在图像中涂抹一下（仅一下即可），即可放置水花喷溅效果，如图 7-70 所示。

图7-69

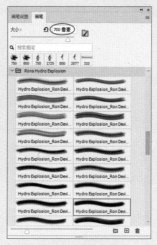

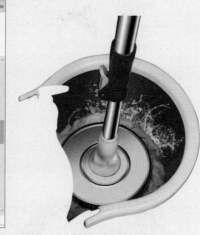

图7-70

03 打开所有关闭的图层，旋转拖把产品修图操作全部完成，精修效果如图 7-71 所示。

图7-71

7.2 化妆盒产品修图实例

本例修图产品为一款精美的女士化妆盒，产品修图的难度很高，需要有深厚的 Photoshop 绘图功底和对电商产品的深度理解。所以，本例产品的精修是值得在这里给大家详解的，希望大家从中学习到更多、更有用的修图技巧。

7.2.1 修图思路解析

本例化妆盒产品原图有残缺，如图 7-72 所示。

修图时需要将残缺的部分修出来，所以难度还是比较大的，精修完成的效果如图 7-73 所示。

图7-72

图7-73

前一案例给了我们修图的一个非常好的思路，就是在不改动原图的情况下，进行光泽度和质感的修复。本案的精美化妆盒修图也不例外，去掉原图中的杂点和脏东西，然后重点就是补光问题，如何让盒子看起来是那么的精致、美感十足，补光相当重要，大的补光主要有化妆台面的补光、镜面中的补光和粉饼盖的补光。

7.2.2 产品修图流程

整个修图流程包括 4 个方面的图像修复：化妆台的修复、化妆工具的修复、化妆盒盖的修复和粉饼盖的修复。

1. 抠图

01 启动 Photoshop 2022，打开本例源文件夹中的"化妆盒 .jpg"文件。

02 将【图层】面板中的【背景】图层解锁（单击图层名右侧的解锁图标 🔒 ）。

03 分别将画布和图层的像素大小设定大一些，让图像更清晰，也便于处理细节，如图 7-74 所示。

图7-74

04 利用工具箱中的【对象选择工具】🔲，将化
妆盒抠出来，如图 7-75 所示。

图7-75

05 利用工具箱中的【剪裁工具】🔲，将画布拉长，
如图 7-76 所示。

图7-76

06 拖动抠出来的图像到画布中间，然后新建【图
层 2】并填充白色，便于后续操作，如图 7-77
所示，将【图层 2】置于【图层】下方。

图7-77

图7-77（续）

07 利用【钢笔工具】🖊从【图层 1】中将粉饼盖
抠出来，按快捷键 Ctrl+J 复制到新图层中。将
【形状 1】图层重命名为"粉饼盖"，同时填
充形状为黑色，如图 7-78 所示。

图7-78

08 清除粉饼盖选区在【图层 1】中的图像，如图
7-79 所示。

图7-79

09 新建【组1】，将【图层3】和【粉饼盖】图层放置在组中，重命名组为"粉饼盖"，如图7-80所示。

图7-80

10 利用【钢笔工具】 ✐ 从【图层1】中将粉饼槽抠出来，抠出后为形状和图层创建一个组，将组命名为"粉饼槽"，如图7-81所示。清除【图层1】中粉饼槽的选区内容。

图7-81

11 利用【钢笔工具】 ✐ 从【图层1】中抠出化妆工具槽，如图7-82所示。

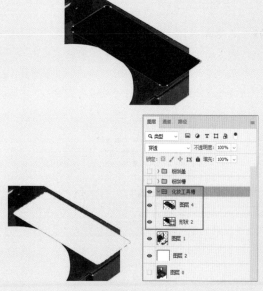

图7-82

12 利用【钢笔工具】 ✐ 从【图层1】中抠出化妆盒盖，如图7-83所示。

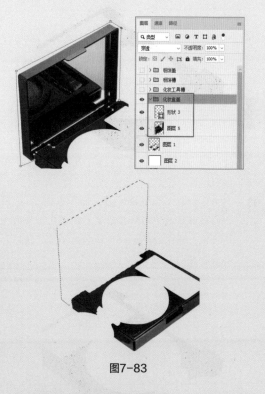

图7-83

2. 修复化妆台

化妆台的修复包括台面的修复、外壁的修复和卡扣的修复，先修复台面再修复外壁。

177

(1) 修复台面。

01 新建组，命名为"台面"。将【图层1】移至【台面】组中，复制【图层1】，重命名复制的图层为"台面底色"，如图7-84所示。【图层1】将作为修图参照，可随时关闭或显示。

图7-84

02 载入【台面底色】图层中台面的选区，然后按快捷键 Shift+F5 将选区填充黑色，如图7-85所示。

图7-85

03 利用【钢笔工具】按钮 ，绘制如图7-86所示的台面形状（形状4图层），设置形状的渐变填充。填充时结合粉饼槽和化妆工具槽一起查看效果，如图7-87所示。

图7-86

图7-87

04 复制【形状4】图层，得到【形状4拷贝】图层，修改该图层的渐变填充为黑色描边，描边宽度为6点，对齐方式为【向内】 ，羽化为2像素，如图7-88所示。

图7-88

05 复制【形状4拷贝】图层，得到【形状4拷贝2】图层，修改描边色为白色，描边宽度为7点。将【形状4拷贝2】图层置于【形状4拷贝】图层的下方，如图7-89所示。

图7-89

06 复制【形状4】图层，得到【形状4拷贝3】图层，修改渐变填充，设置羽化为2.5像素，如图7-90所示。

Photoshop 2022淘宝天猫电商产品图精修从新手到高手

图7-90

07 利用【钢笔工具】按钮 ✐ 绘制【形状5】，修改描边为黑白渐变色，描边宽度为10点，对齐方式为【居中】 ▣ ，端点方式为【倒圆】 ⬚ ，羽化为3像素，效果如图7-91所示。

图7-91

(2) 修复外壁。

01 新建组并命名为"外壁"，将该组置于【台面】组的下方。

02 利用【钢笔工具】按钮 ✐ 绘制【形状6】，并填充黑色，将外壁残缺的部分补齐，如图7-92所示。

图7-92

03 将【台面】组中的【台面底色】图层移至【外壁】组中，并置于【形状6】的下方。继续绘制【形状7】，填充黑白渐变色，设置羽化为2.5像素，效果如图7-93所示。

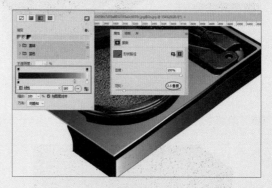

图7-93

04 继续绘制【形状8】和【形状9】，【形状8】的描边宽度为3点，渐变填充描边，【形状9】的描边宽度为6，渐变填充描边，如图7-94和图7-95所示。

图7-94

图7-95

05 绘制【形状10】，如图7-96所示。

第7章 生活日用品修图技法

图7-96

06 绘制【形状11】，如图7-97所示。

图7-97

技术要点： 鉴于细节太多，因篇幅限制，很多步骤需要省略，步骤看不明白的请配合本例视频一起学习，请大家见谅！

07 复制【形状10】，将复制的图层命名为【形状12】，修改形状并改变渐变填充色，设置图层不透明度，如图7-98所示。

图7-98

08 绘制形状13，设置描边渐变色，描边宽度为1点，羽化为1像素，如图7-99所示。

图7-99

09 绘制【形状14】，描边色为白色，描边宽度为3点，羽化为4像素，如图7-100所示。

图7-100

10 绘制【形状15】，如图7-101所示。绘制【形状16】，设置羽化为30像素，如图7-102所示。

图7-101

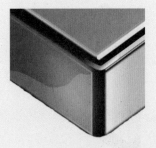

图7-102

11 利用【加深工具】涂抹台面后侧边缘，使其看起来更加自然，如图 7-103 所示。

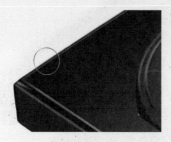

图7-103

（3）修复卡扣。

01 建立【卡扣】组。参照原图，利用【钢笔工具】绘制卡扣的基本形状（形状18），并填充黑色，如图 7-104 所示。

图7-104

02 绘制【形状 19】，如图 7-105 所示。绘制【形状 20】，设置渐变填充及 1 像素的羽化，设置图层不透明度为 60%，如图 7-106 所示。

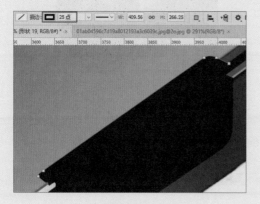

图7-105

图7-106

03 绘制【形状 21】，设置渐变填充图层的不透明度为 60%，如图 7-107 所示。

图7-107

04 复制【形状 19】，修改填充色为白色，描边宽度为 4 点，羽化为 1.2 像素，如图 7-108 所示。鉴于篇幅关系，其他细节不再一一列出，绘制完成的卡扣如图 7-109 所示。

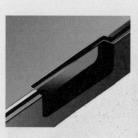

图7-108

图7-109

05 绘制【形状 26】，将该图层放置在【台面】组中，并设置描边填充，如图 7-110 所示。

06 最后对卡扣部分的边角利用【加深工具】或【减淡工具】进行涂抹，处理细节，结果如图 7-111 所示。

第7章　生活日用品修图技法

图7-110

图7-111

07 创建一个组并命名为"化妆台",将【卡扣】
【台面】及【外壁】组置于【化妆台】组中。

3. 修复粉饼盖

01 在【图层】面板中仅显示【粉饼盖】组,关闭
其他组和图层。绘制【形状27】,如图7-112
所示。

图7-112

02 复制【形状27】两次,得到两个拷贝图层(将
两个拷贝图层置于【形状27】下方),分别向左、
右平移,再对其进行缩放和变形操作,结果如
图7-113所示。

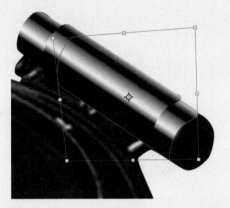

图7-113

03 利用【椭圆工具】◯绘制【椭圆1】,并复制
出两个椭圆图层,拷贝图层经过自由变形后,
修改填充为白色描边,并添加模糊半径为1.0
像素的高斯模糊效果,效果如图7-114所示。
将3个椭圆图层合并,重命名图层为【椭圆1】。

图7-114

04 绘制【形状28】,设置描边为黑色,宽度为
14点,端点样式为圆角⊑,羽化为1.0像素,
如图7-115所示。

图7-115

05　复制【形状 28】，修改描边为渐变色、宽度为 6 点，羽化为 1.0 像素，如图 7-116 所示。

图7-116

06　将【粉饼盖】组中的【图层 3】进行 Camera Raw 滤镜操作，将【图层 3】进行智能锐化，看效果后决定哪些部分不需要重新绘制，如图 7-117 所示。

图7-117

07　除盖子与铰链轴之间的连接部分不用重新绘制外，其余部分由于残缺不全，需要重新绘制。

在【粉饼盖】组再新建一个组，命名为"铰链"，将属于铰链组的多个图层拖进该组中。再次建立组，命名为"盖子"，如图 7-118 所示。

图7-118

08　按住 Ctrl 键单击【粉饼盖】图层，载入整个粉饼盖的选区，然后为【粉饼盖】组添加图层蒙版。

09　按住 Alt 键复制【粉饼盖】图层，将复制的图层拖入【盖子】组中，修改填充为描边，描边色为白色，宽度为 1 像素。此时不会看到此效果，因为背景层是白色的，等待最终做出倒影效果后才可见边缘微弱的反光。

10　在【盖子】组中，利用【椭圆工具】○参照盖子原图来绘制【椭圆 2】，将其变形并填充渐变色，结果如图 7-119 所示。

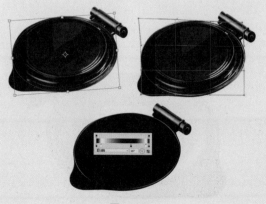

图7-119

11 复制【椭圆2】，稍微缩放并平移，改变描边渐变色，得到如图7-120所示的效果。

图7-120

12 继续复制【椭圆2】，缩放图像并修改描边渐变，效果如图7-121所示。

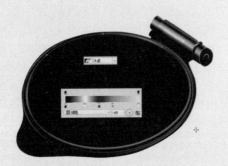

图7-121

13 继续复制【椭圆2】，缩放图像并修改描边渐变，效果如图7-122所示。

图7-122

14 复制【椭圆2拷贝3】，不缩放图像仅修改描边色及描边宽度为2，如图7-123所示。

图7-123

15 复制【椭圆2拷贝4】图层，改描边为填充黑色，缩放并移动图形，如图7-124所示。

图7-124

16 复制【椭圆2拷贝5】图层，改描边为渐变填充，缩放1像素并移动图形，如图7-125所示。

图7-125

17 复制【椭圆2拷贝6】图层，改描边为渐变填充，不缩放图形，并向上移动。原位复制【椭圆2拷贝7】图层，仅改变右侧椭圆端点的位置，左侧椭圆端点不变，使其看起来左侧高光窄、右侧高光宽，如图7-126所示。

图7-126

18 复制【椭圆 2 拷贝 8】图层，修改描边为黑色，将此图层拖到【椭圆 2 拷贝 7】图层的下方，如图 7-127 所示。

图7-127

19 复制【椭圆 2 拷贝 9】图层，缩放图层并稍微平移图形，填充灰色，如图 7-128 所示。

图7-128

20 原位复制【椭圆 2 拷贝 10】图层，修改填充和描边，描边色为黑白渐变色，描边宽度为 3 点，如图 7-129 所示。

图7-129

21 复制【椭圆 2 拷贝 1】图层，缩放图层并稍微平移，填充黑色，如图 7-130 所示。

图7-130

22 复制【椭圆 2 拷贝 12】图层，不缩放图形稍向上平移，填充黑白渐变色，如图 7-131 所示。

图7-131

23 复制【椭圆 2 拷贝 13】图层，不缩放图形稍向上平移，填充黑白渐变色，如图 7-132 所示。

图7-132

技术要点： 最好打开原图，看看这些椭圆形的大小和位置是否与原图一致，如果差得比较多，可以整体进行缩放和平移。

24 利用【钢笔工具】绘制【形状 29】，填充渐变色，如图 7-133 所示。

第7章 生活日用品修图技法

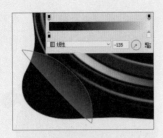

图7-133

25 复制【形状 29】,设置填充为黑色,并向下移动图形,如图 7-134 所示。

图7-134

26 复制【形状 29 拷贝】,设置描边的渐变色和描边宽度,如图 7-135 所示。

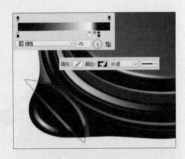

图7-135

27 绘制【形状 30】,设置渐变填充和羽化,如图 7-136 所示。

图7-136

28 绘制【形状 31】,设置描边渐变色,羽化为 6 像素,图层不透明度为 83%,如图 7-137 所示。

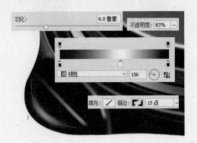

图7-137

29 绘制【形状 32】,设置描边渐变色,描边宽度为 4 点,羽化为 1.5 像素,如图 7-138 所示。

图7-138

30 在【图层 4】中,将铰链和盖子的连接部分单独抠出来,然后关闭【图层 4】,如图 7-139 所示。

图7-139

Photoshop 2022淘宝天猫电商产品图精修从新手到高手

31 利用【加深工具】或【减淡工具】，对【盖子】组中的各图层进行颜色的加深或减淡，涂抹高光反射效果，至此，盖子修复完成，最终效果如图7-140所示。

图7-140

4. 修复粉饼槽

01 单独显示【粉饼槽】组及其所属图层。将粉饼抠出来改在【图层7】中，重命名为【粉饼】，如图7-141所示。将【粉饼槽】组中无用的形状图层删除。

图7-141

02 选中【粉饼槽】图层，对图层进行 Camera Raw 滤镜操作，对图层进行智能锐化，效果如图7-142所示。

图7-142

03 利用【污点修复工具】 🖌 清理脏点，并用【加深工具】和【减淡工具】加深颜色或减淡颜色，使其看起来更协调，如图7-143所示。

图7-143

04 绘制【形状33】，设置描边渐变，描边宽度为12点，羽化为2.3像素。将【形状33】图层置于【粉饼槽】组的底部，效果如图7-144所示。

图7-144

技术要点: 本来这个粉饼槽需要重新绘制，毕竟反光比较杂乱，但是篇幅限制不能一一做出来，虽然最终效果稍差，但也能从中学习到很多修图技巧。

5. 修复化妆工具槽

01 在【化妆工具槽】组中，对【图层4】进行 Camera Raw 滤镜处理，如图7-145所示。

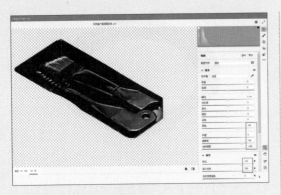

图7-145

02 利用【污点修复工具】🖌️清理脏点，再用【加深工具】和【减淡工具】加深颜色或减淡颜色，如图 7-146 所示。

图7-146

03 绘制【形状 34】，设置描边为渐变色，羽化为 2.7 像素，如图 7-147 所示。

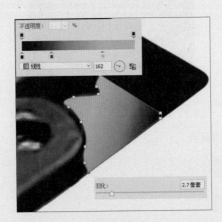

图7-147

04 绘制【形状 35】，设置描边为渐变色，羽化为 1.5 像素，如图 7-148 所示。

图7-148

05 复制【形状 2】，修改填充和描边，羽化为 3.5 像素，图层不透明度为 50%，将复制的【形状 2 拷贝】图层置于【化妆工具槽】组的顶部，效果如图 7-149 所示。

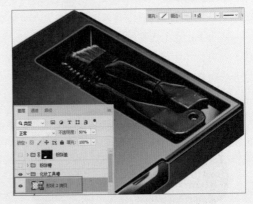

图7-149

6. 修复化妆盒盖

01 在【化妆盒盖】组中，从【图层 5】中将镜面部分单独抠出来（抠出来的图层命名为"镜面"，原图层 5 重命名为"镜框"），如图 7-150 所示。

图7-150

技术要点: 因为盒盖的材质和镜面不一样,做 Camera Raw 滤镜优化时不能同时操作,否则效果达不到要求。

02 对【镜框】图层进行 Camera Raw 滤镜处理,如图 7-151 所示。

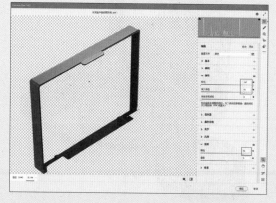

图7-151

03 对【镜面】图层进行 Camera Raw 滤镜处理,如图 7-152 所示。

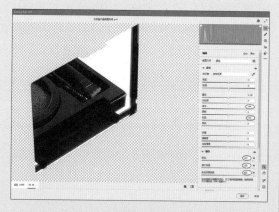

图7-152

04 利用【加深工具】对镜面中的曝光部分减弱一些,如图 7-153 所示。

图7-153

05 对【镜面】图层调整亮度和对比度,如图 7-154 所示。

图7-154

06 利用【加深工具】对镜框的边缘暗部进行涂抹,效果如图 7-155 所示。

图7-155

07 单独将【化妆台】组和【粉饼盖】组复制出来,并将复制的两个图层组合并,然后绘制一个矩形,填充白色,设置图层不透明度为 70%,如图 7-156 所示。

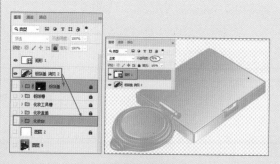

图7-156

08 右击"矩形 1"图层,在弹出的快捷菜单中选择【向下合并】命令,与下面的图层合并,如图 7-157 所示。

图7-157

09 再将这两个图层合并，合并成新的【矩形1】图层，并将合并的图层移至【化妆台】组的下方，如图7-158所示。

图7-158

10 稍微向下移动图形，使其成为化妆盒的倒影。化妆盒产品的修图全部完成，效果如图7-159所示。

图7-159

7.3 女性护肤产品修图实例

本例处理的对象是一款女性使用的去黑头吸附膜软包装产品图，我们可以学习到软塑料和硬质塑料的不同反光表现的方法。

7.3.1 修图思路解析

图7-160所示为去黑头吸附膜软包装产品原图。原图中产品图缺陷比较多，首先产品图歪斜，需要扶正；其次是产品边缘的明暗度表现差，无层次感；硬质塑料的光反射由于拍摄的取景问题，呈现紊乱的现象，需要修复。最后就是商标和文字的处理，将会使用到前文未讲解的技法进行细节处理。

图7-161所示为去黑头吸附膜软包装产品的精修效果图。

图7-160   图7-161

7.3.2　产品修图流程

修图流程包括软塑料体部分的修复、硬质塑料盖部分的修复，以及商标和文字的修复。

1. 修复软塑料部分

01 从本例源文件夹中打开"去黑头吸附膜 .png"文件，并在【图层】面板中解锁【背景】图层。

02 拖出参考线，在菜单栏中执行【编辑】|【透视变形】命令，对产品图进行修正，如图 7-162 所示。

03 利用【钢笔工具】 ，绘制软塑料部分的外形轮廓，设置填充色(在原图中拾取底色)，如图 7-163 所示。

图7-162   图7-163

04 按住Ctrl键单击【形状1】图层载入选区，新建图层【组1】，并为其添加图层蒙版，如图7-164所示。

图7-164

05 利用【矩形工具】 ▢，设置填充色，设置涂抹不透明度为55%，如图7-165所示。

图7-165

06 利用【钢笔工具】 ✎，绘制【形状2】，设置描边色，如图7-166所示。复制【形状2】，修改描边宽度为2点，如图7-167所示。

图7-166

图7-167

07 将【形状】图层和【形状2拷贝】图层合并（先栅格化图层再合并），并复制多个图层，且均匀分布，如图7-168所示。

图7-168

08 绘制【形状3】，设置描边色和描边宽度，并添加半径为20像素的高斯模糊效果（添加高斯模糊之前先复制【形状3】图层），设置图层不透明度为60%，如图7-169所示。

图7-169

09 为复制的【形状3拷贝】图像修改描边宽度为3点，颜色为深绿色，如图7-170所示。

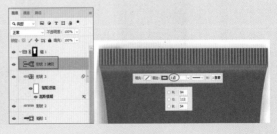

图7-170

10 绘制【形状4】，设置渐变填充，如图7-171所示。复制【形状4】图层，对复制的图像进行高斯模糊处理，模糊半径为30像素，如图7-172所示。

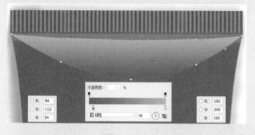

图7-171

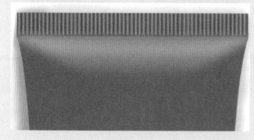

图7-172

11 载入【形状4】的选区，并反转选区，再为【组1】添加矢量图层蒙版，如图7-173所示。

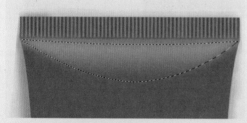
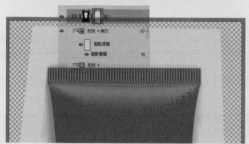

图7-173

12 选中【形状4拷贝】图层，利用【橡皮擦工具】擦掉【形状4拷贝】图层外的填充色，如图7-174所示。

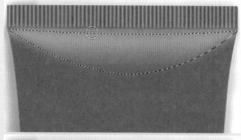
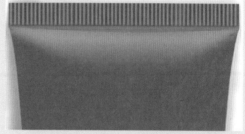

图7-174

技术要点： 在擦除不要的颜色时，选区不要关闭。

13 对【形状4拷贝】图层添加半径为2像素的高斯模糊效果。

14 为【形状4】添加半径为40像素的高斯模糊效果，如图7-175所示。

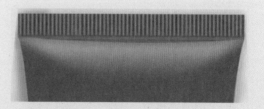

图7-175

15 绘制【形状5】，填充色后添加半径为60像素的高斯模糊，如图7-176所示。

16 绘制【形状6】，填充色后添加半径为70像素的高斯模糊，如图7-177所示。

第7章 生活日用品修图技法

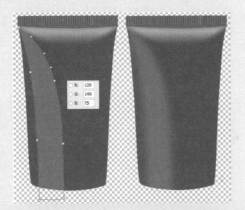

图7-176

图7-177

17 绘制【形状7】，填充颜色后添加半径为30像素的高斯模糊，设置图层不透明度为70%，效果如图7-178所示。

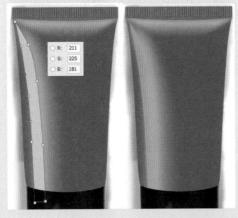

图7-178

18 绘制【形状8】（绘制后立即复制图层作为备份），设置渐变填充色后添加半径为10像素的高斯模糊，效果如图7-179所示。

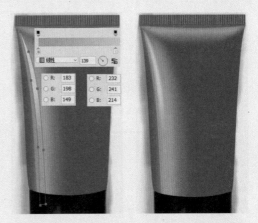

图7-179

19 将复制的【形状8拷贝】图层平移并进行形状修改，填充改为单白色填充，设置图层不透明度为40%，效果如图7-180所示。

图7-180

20 将【形状5】【形状6】【形状7】【形状8】及【形状8拷贝】5个图层同时复制，执行菜单栏中的【编辑】|【变换】|【水平翻转】命令，翻转后平移到右侧，效果如图7-181所示。

21 灯光主要从左侧照射，右侧的灯光反射要偏弱，所以要将复制的这几个图层，稍微更改一下图层的不透明度，使其颜色变得更浅一些，看起来比较合理即可。

图7-181

技术要点： 设置复制图层的不透明度，【形状 5 拷贝】图层改为 48%，【形状 6 拷贝】图层改为 70%，【形状 7 拷贝】图层改为 15%，【形状 8 拷贝 3】图层改为 45%，【形状 8 拷贝 2】图层改为 20%。

22　绘制【形状 9】，为顶部添加补光，设置描边为渐变色，添加半径为 15 像素的高斯模糊，如图 7-182 所示。

图7-182

23　添加底部的补光，绘制【形状 10】（绘制后立即复制作为备用），填充黑色，添加半径为 5 像素的高斯模糊效果，如图 7-183 所示。

图7-183

24　将复制的【形状 10 拷贝】向上平移，更改填充色为浅绿色，添加半径为 5 像素的高斯模糊效果，如图 7-184 所示。

图7-184

2. 修复硬质塑料盖部分

　　硬质塑料盖的反射要比软质塑料的反射要强一些，也就是我们添加高光时的边缘的模糊程度要小很多，与镜面反射差不多。

01　在【图层】面板中新建【组 2】。将【组 2】置于【组 1】的下方。绘制【形状 11】，设置填充色为黑色，如图 7-185 所示。

图7-185

02 复制【形状11】得到【形状11拷贝】，将复制的图层置于【形状1】图层的下方，向上平移图形，更改填充色为灰色，如图7-186所示。

图7-186

03 复制【形状11】，得到【形状11拷贝2】图层。按住Ctrl键选中【形状11】和【形状11拷贝】图层转为智能对象（即可将图层合并），合并后的图层名称为【形状11】。载入【形状11】的选区，为【组2】添加图层蒙版，如图7-187所示。

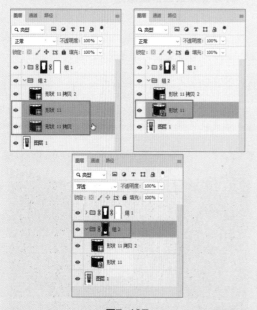

图7-187

04 将【形状11拷贝2】图层，单侧缩放，再编辑钢笔路径，随后填充浅灰色，作为高光反射的暗部底色，添加半径为30像素的高斯模糊，如图7-188所示。

图7-188

05 绘制【形状12】，填充灰色，添加半径为5像素的高斯模糊效果，如图7-189所示。

图7-189

06 绘制【形状13】，设置渐变填充，如图7-190所示。复制【形状13】得到【形状13拷贝】图层。为【形状13拷贝】图层添加半径为20像素的高斯模糊效果，如图 7-191 所示。

图7-190

图7-191

07 载入【形状 13】的选区，然后反转选区，再为【组 2】添加矢量蒙版。接下来关闭【形状 13】图 层，利用【橡皮擦工具】擦掉【形状 13 拷贝】 图层选区外的散光，如图 7-192 所示。

图7-192

08 对【形状 13 拷贝】图层添加半径为 5 像素的 高斯模糊，如图 7-193 所示。

图7-193

09 同时复制【形状 12】图层和【形状 13 拷贝】图层， 将复制的两个图层水平翻转后平移至右侧，如 图 7-194 所示。

图7-194

10 右侧的反光要弱一些，修改【形状 13 拷贝 2】 图层的不透明度为 35%，如图 7-195 所示。

图7-195

11 绘制【形状 14】，设置黑色描边，描边宽度为

第7章 生活日用品修图技法

250 点，如图 7-196 所示。为【形状 14】添加
半径为 30 像素的高斯模糊效果，如图 7-197
所示。

图7-199

3. 处理商标与文字

01 仅显示【图层 1】，其他图层及组关闭，将两
个组锁定。

02 利用【椭圆工具】 ⬭ 参照原图中的商标绘制
圆形，将椭圆形转为选区后按快捷键 Ctrl+J 复
制选区图像并创建【图层 2】，如图 7-200 所示。

图7-196

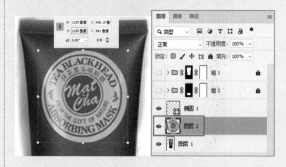

图7-200

图7-197

03 关闭【图层 1】，到商标图像中拾取黄色，为【椭
圆 1】图层填充颜色，如图 7-201 所示。

12 绘制【形状 15】，设置描边渐变色、描边宽度
和羽化，如图 7-198 所示。

图7-198

图7-201

13 复制【形状 15】，将图形向上平移，修改描边
宽度为 15 点，图层不透明度为 55%，效果如
图 7-199 所示。

04 复制【椭圆 1】，缩放图像（按住 Shift 键整体
缩放），修改填充和描边，描边色为棕色，可
以到商标原图中拾取，如图 7-202 所示。

Photoshop 2022淘宝天猫电商产品图精修从新手到高手

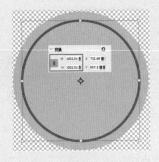

图7-202

05 再复制两次椭圆形，并进行缩放，结果如图
7-203所示。

图7-203

06 商标中的文字的字体样式如果不清楚，可以先
用【矩形选框工具】▢▢选取要识别字体的部分，
然后执行菜单栏中的【文字】|【匹配字体】命令，
在弹出的【匹配字体】对话框中识别文字字体，
一般是第一个字体，如图7-204所示。

图7-204

07 找到字体后，该字体会在字体列表中找到。利
用【横排文字工具】输入mat，然后找到之前
匹配的字体即可，再对文字进行旋转和变形，
文字颜色与商标底色一致，效果如图7-205
所示。

图7-205

08 复制文字图层，修改文字为cha，并调整位置
和方向，如图7-206所示。

图7-206

09 同理，对商标中的大写字母进行字体识别，识
别的字体是Perpetua Titling MT。

10 按住Ctrl键单击【椭圆1拷贝】图层载入圆
形选区，再选中工具箱中的【横排文字工具】
T.（输入文字时一定要选中选区所在的那个
图层），在要放置文字的圆形选区上单击，然
后输入ABSORBBINGMASK，设置文字大小、
文字样式，然后进行圆形分布，如图7-207
所示。

图7-207

第7章 生活日用品修图技法

技术要点： 如果文字的位置需要旋转，可以利用工具箱中的【路径选择工具】▶旋转文字。也可以在【属性】面板的【变换】选项组中设置旋转角度。

11 上半圆的文字需要重新建立选区（复制并缩放【椭圆1拷贝】图层），然后进行文字的变换操作，如图7-208所示。

图7-208

12 同理，完成其余文字的创建，如图7-209和图7-210所示。

图7-209

图7-210

13 复制【组3】，然后将复制的组合并（实际上是合并成图层），重命名图层为"商标"，然后将合并的图层放到【组1】的【形状7拷贝】图层之上，效果如图7-211所示。

图7-211

14 复制【形状8】图层，将复制的图层置于【商标】图层之上，如图7-212所示。

图7-212

15 输入产品说明文字和品牌文字。新建【组4】并置顶。经过文字匹配可知，品牌文字

"BOGAZY"的字体为 Mongolian Baiti，"柏卡姿"的字体可以找相似字体代替，比较小的英文说明字体是 Swis721 LtEx BT，也可以找近似字体代替，最终输入完成的效果如图7-213所示。

图7-213

技术要点：关于字体，大家在使用时需要注意版权问题，字体文件一般可以学习使用或个人免费使用，但不能商用。可以下载"字加"或 iFonts App，安装后即可使用。找到合适的字体后可以直接拖到 Photoshop 中，然后双击字体图层，将字体的选区载入后重新填充为白色。字体默认为黑色。

16 复制【组4】，合并复制的组，将合并的图层重命名为"说明文字"，关闭【组4】的显示，然后将"说明文字"进行变形（执行【编辑】|【变换】|【变形】命令，在工具属性栏选择【拱形】选项），如图7-214所示。

图7-214

17 除【图层1】外，将所有图层和图层组放置在新建的组中，重命名该组为"护肤品"，复制【护肤品】组，复制后再合并为一个图层，便于创建阴影与投影，如图7-215所示。

图7-215

18 载入【护肤品】图层的选区，按快捷键 Ctrl+J 复制选区并建立【图层3】。将复制的【图层3】转换为智能滤镜。

19 在菜单栏中执行【滤镜】|Alien Skin|Eye Candy 7命令，在弹出的 Alien Skin Eye Candy 7对话框中选择【阴影】效果，单击【确定】按钮完成阴影的创建，如图7-216所示。

图7-216

20 创建的阴影如图7-217所示。新建【图层4】，填充为白色，作为产品的背景图层。

21 将【护肤品】图层垂直翻转，将翻转的图像移至下方，如图7-218所示。

22 绘制【矩形2】，设置渐变填充，再添加半径为240像素的高斯模糊效果，如图7-219所示。

图7-217 图7-218 图7-219

至此，完成了本例的女性护肤产品图精修，最终效果如图 7-220 所示。

图7-220